做对三件事，人生不瞎忙

郑众/编著

看得透想得开，拿得起放得下，立得正行得稳

中华工商联合出版社

图书在版编目（CIP）数据

做对三件事，人生不瞎忙 / 郑众编著. -- 北京 ：
中华工商联合出版社，2017.11
ISBN 978-7-5158-2130-6

Ⅰ.①做… Ⅱ.①郑… Ⅲ.①人生哲学—通俗读物
Ⅳ.①B821-49

中国版本图书馆CIP数据核字(2017)第259732号

做对三件事，人生不瞎忙

作　　者：郑　众
责任编辑：付德华　关山美
封面设计：北京聚佰艺文化传播有限公司
责任审读：于建廷
责任印制：陈德松
出版发行：中华工商联合出版社有限责任公司
印　　制：盛大（天津）印刷有限公司
版　　次：2018年4月第1版
印　　次：2024年1月第3次印刷
开　　本：710mm×1020mm　1/16
字　　数：240千字
印　　张：15.25
书　　号：ISBN 978-7-5158-2130-6
定　　价：69.00元

服务热线：010—58301130
销售热线：010—58301130
地址邮编：北京市西城区西环广场A座
19—20层，100044
http：//www.chgslcbs.cn
E-mail：cicap1202@sina.com（营销中心）
E-mail：gslzbs@sina.com（总编室）

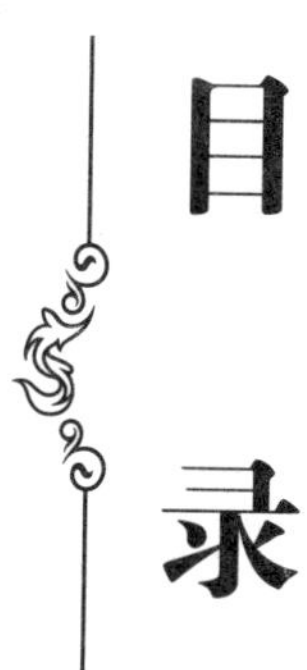

目录

上篇 看得透想得开

下篇 立得正行得稳

上　篇

看得透想得开

第一章

看得透人生真谛

你对生活微笑，生活也对你微笑

很多人都会探讨这样一个问题：什么样的人生才是快乐的？要想成为一个快乐的人究竟应该怎样做？对此，一位著名的哲学家说："满足不在于多加燃料，而在于减小火苗；不在于积累财富，而在于减少欲念。"人若想让自己的生命得以升华，就必须放下过分的欲念，找到人生的真正乐趣。

人生要有一种宁静致远的追求，清闲自在，随心所欲。在这种状态下，人虽然穿的是粗布衣服，吃的是粗茶淡饭，但仍然会过得有滋有味，心情平静，不会为一些日常琐事而牵挂、烦恼。相反，那些患得患失的人，终日奔忙于一些烦忧之事，他们虽然穿的是华丽的衣服，吃的是山珍海味，也会觉得心中痛苦万分。人应该活得清闲自在，不动情绪，不执拗，恬淡自得，顺应自己的"本真"去待人处世。

在万籁俱寂的环境中得到的宁静，并非真正的宁静；只有在喧闹环境中还能保持平静，才算是真正的宁静。在安逸闲适的环境中得到的快乐，并非真正的快乐，只有在艰苦困难的环境中仍能保持乐观的精神，才算是真正的快乐。人只有在宁静中，才能发现人性的真正本源；人只有在从容、闲暇中，才能发现人性的真正本质；人只有在淡泊明志中，才能获得人生的真正乐趣。

"快乐"看起来简单，实际上却很有深意，不太容易真正做到。

不要以为只有有钱的人才能获得快乐，人即使身无分文，只要他能学会调整自己的心态，也一样可以得到那些属于自己的快乐。

快乐在每个人的心里，只要你想拥有快乐，它便会成为现实。

不快乐的原因各种各样，因人而异，因心情而异，但心胸狭隘所导致的事事较劲，则是让我们不快乐的重要原因。

在工作中的大多数情况下，我们都希望别人用宽容的态度来对待自己，而不是自身就能宽容地接纳他人。久而久之，这会在人与人之间建立起一种藩篱，让双方感觉更孤立。如果要想克服这种孤立与寂寞的感觉，就要从改变自己的态度开始，改变狭隘的心胸，以谦和之心与人相处，心中那扇紧紧关闭的门，就会打开，与他人之间的沟通，就会容易得多，周围人对自己的态度也会不同，在开朗的心境之中，人际关系就会变好，内心也会变得快乐起来。

一个心胸狭隘之人，不会主动去关心别人、体谅别人，从而在焦虑和恐惧之中失去快乐；不会多角度看问题，凡事总是想着负面，让自己变成一个悲观者，碰到不如意的事情，就爱钻牛角尖，很难与别人平等、快乐相处。

一个人内心的世界主宰着生活的快乐，我们只有改变狭隘的心态，做一个心胸开阔、容易满足之人，内心开朗，视野开阔，生性乐观，收获的自然会是快乐。我们只有放下自私的狭隘，将独乐乐变成众乐乐，这才是真正的快乐。也唯有如此，才能做一个开朗的、懂得宽容的人。把世界上的人和事物看成是一张巨大的网，每一个人都互相依存，而非独立的。大家互相依存，彼此相连，将源于不快乐的自私赶得远远的，从而获得幸福。

生命就是一场旅行

名，是一种荣誉，一种地位。名常常与利相连，人有了名，就可能享有更大的权力；所以，很多人常以为有了名，便会万事亨通。在他们看来，名与利是最“诱人”的，他们立足于社会、搏击人生的动力亦来自于此。其实，人适当地追求名利，让生活变得更好，并没有什么不妥，但若把名利看得太重，则必将被名缰利锁所困扰、所束缚。

世界上没有不为名利的超人，只有善待名利的智者；智者之所以能够善待名利，是因为他们有一种常人不及的品质——淡定、淡泊。

有取必有舍，有进必有退，有一得必有一失，人的任何获取都需要付出代价，而付出代价要看值不值得。

世上的很多“名利”都是绑在人身上的“绳子”，很多人受这种“绳子”的束缚，明知难受，却不肯挣脱或自己松开，到头来被“绳子”越绑越紧。而智者则能看透名利背后的“危机”与“危险”，远离名利或能解开“绳子”，将功名利禄置之度外，追寻自己想要的简单生活，怡然自乐。

现实生活中有不少这样的人：当名利尚未得到时，他们会尽心竭力、努力经营，甚至把名利当作自己生命的支柱而孜孜以求；待名利得到后，他们还要“机关”算尽、战战兢兢、如履薄冰，唯恐一个闪失丢名失利。这些过分追求名利的人，常常将自己弄得身心憔悴，未老先衰，他们之所以宁愿承受如此这般的“折磨”，就是因为缺少淡泊名利、笑看人生的心态。

在生活中，很多人总是执迷不悟地追求或过分看中不必要或多余的东西，但结果却事与愿违，到头来白白辛苦了一场，一无所获，让自己筋疲力尽。实际上，摆脱名利的束缚，追求简单的生活，才是明智而快乐的选择。

一个人有名誉感就有了进取的动力。有名誉感的人同时也有羞耻感，不想玷污自己的名声。但是，什么事都不能过，比如，有人为了得到更多的财富，为了获得更高的名誉、地位，不择手段，结果名誉、地位没求来，自己反倒臭名远扬，这才是真正的得不偿失。

如果一个人心中的欲望是很有限的，那么对于他来说，外面获得的东西是多是少都不会助长他的欲望；而若一个人心中充满无尽的欲望，那么，他永远也不会有快乐幸福的时候。人倘若在名利的驱动下，一心想着“往上爬”“挣大钱”“出人头地”，那么，名利增长了以后，他的欲望会一步步膨胀，如此下去，他会永远追求着名利，直至生命的尽头仍然不满足。

所以，我们要从“自我”的小圈子里跳出来，从欲望的束缚中解放出来，把名利看淡一些，尽量简单地生活。人活一世，更重要的是为了家庭的和睦，为了自我人格的完善，认认真真地做事，不为虚名私利而活。人只要为社会做出了自己的贡献，就证明他活得有价值，就自然会获得一定的荣誉，就会享受到人生真正的快乐与幸福。

呼唤你内心的力量

在我们每个人的体内，都蕴藏着一种巨大的力量，在潜意识中，就好像存放在银行里个人账户中的钱一样，在我们需要使用的时候，就可以派上用场。正面思维的本质，就是激发我们发挥人生的主观能动性，挖掘潜力，体现每个人的创造性和价值，帮助我们从认知上改变命运，虽然时光不会倒流，无人能够从头再来，但人人都可以从现在做起，开创全新的未来。

许多卓越的人都说正面思维是决定成功的源头。因为一个人的成功，首先是思维决定出路，然后是做法的奏效，最后才有功劳簿的记载。一旦正面思维形成，阻碍我们行动的消极思维，就会自动消失，以确保我们每个人在工作中，都能以乐观的态度去思考和行动，促使事情朝有利于自己的方向转化，帮助我们搬开绊脚石，披荆斩棘，乘风破浪，发现自我，进而实现自我。

从古至今，从国内到国外，那些有卓越建树的人，无不都是从正面思维中，让自己以积极、主动、乐观的态度去思考和行动，以利于自己人生的开拓，使自己在逆境中更加坚强，在顺境中脱颖而出，变不利为有利，以促进事业成功和实现自我价值。诸如曾子说过：“吾一日三省吾身。”一日三次反省自己的行为，学会取舍，用正面思维取代负面思维；一日三次，持之以恒，及时校正自己的思维航线，端正自己的行为，当之无愧地成为令世人敬仰的圣人。

成功路上的障碍多是人为的，而制造障碍的人往往就是自己。很多人之所以失败，多半是没有学会正面思维，因循守旧，亦步亦趋，没有创意，不敢行动，总觉得自己不如别人，在妄自菲薄之中让发展的机会一个个溜走。罗斯福也曾说过：“没有你的允许，世界上没人能够让你觉得自己低人一等。只要学会正面思维，没有什么能阻碍你前行的脚步。”

这些伟人，原本也是平凡人，之所以成为瞩目的伟人，就是强化了正面的思维，摆脱了负面的想法，自己树立自己，自己成就自己。我们在竞争中求生存，有许多人之所以没有达成既定目标，其主因就是在追求目标的过程中，容易产生负面的想法。本来可以大有作为的，仅仅因为没有从正面来思考和处理问题，就失去了反败为胜的良机；许多人素质很好，能力和知识储备都不错，但没有学会正面思维，迟迟得不到梦寐以求的东西。

我们只有学会正面思维，让不利于我们奋进的消极思维消失，才会确保我们处理任何事情都会以积极、主动、乐观的态度去思考和行动，促使事物朝有利的方向转化，使我们在逆境中更加坚定，在沉着中扭转不利因素；使我们在顺境中脱颖而出，从优秀的台阶迈向卓越；从正面的思想观念上改变命运，这才是事业成功和实现自我价值的有效途径。

每个人都是一座山，世上最难攀越的山，其实是自己，往上走，即便一小步，也有新高度。我们无论遇到什么困难，只要学会正面思维，就会发觉一切都不是没有办法可以解决，只要战胜自己，就没有什么不能达到的；在前进的路上，即使心中有太多的苦涩，正面思维也会告诉我们，这是暂时的，不要眉头紧锁，要相信风雨过后，终究会有美丽的彩虹；伤心时，正面思维会提醒我们不要哭泣，不要吝啬自己的微笑，留住心中的那份宁静，在我们心底最深处，寻找属于自己的那份宁静与淡然，凝聚坚强，守护一份澄明的心境，感悟生命中的点滴，让一缕阳光折射到心底，让一份淡泊与美丽停留在心湖深处，用行动关心身边的每个人，用心灵的眼睛，寻找阳光的踪迹，驱散失败的阴霾。

一个人所产生的内在动力，也是一种与理性相对立存在的本能，是我们每个人固有的一种动力，也是一种本能的驱逐，让一个人去追求满足的、享受的、幸福的生活原动力。这种内在动力虽然看不见摸不着，却一直在不知不觉中控制着我们人类的言语和行动。在适当的条件下，只要我们懂得挖掘出这种动力，就几乎人人都可以做出令自己不可思议的成绩。

机会对于我们每个人而言是均等的，只要我们不为自己的失败寻找借口，只要我们懂得不停挖掘自己潜存的动力，找到自己的优势，将自己的优势大胆地展现出来，不向困难低头，不向对手投降，更不要向自己服输，反而会成为最后的赢家。

每个人理想的实现，都非一日之功、轻而易举，需要我们持久坚持下去。一旦自己陷入僵局之中时，别忘常常为自己鼓劲儿，将负面的思想、事情，用正面、积极性、建设性的思想替代，将自己的命运牢牢把握在自己手中，才能让明媚的阳光照亮自己的行程。

正面思维点铁成金，能帮助我们每个人搬开前进路上的绊脚石，实现自己的人生理想。

活着，痛着，成长着

我们生命中的痛苦，常常扮演着不速之客，令人防不胜防，在不请自到之中，令我们陷入无边无际的黑暗、恐惧，甚至绝望之中。当我们屈服于这些痛苦、舍不得放下时，只能是深感沮丧而潦倒，甚至在绝望中觉得万念俱灰，伤人害己。

我们之所以痛苦，就是因为每时每刻都背负着欲望和想法，舍不得放下我们抓在手里的东西。人生路上有得有失本是常情，即使失去了，就不属于自己，我们只有承担过去，告别过去的痛苦，生命中才会犹如水中沉沉浮浮的茶叶，整个舒展开来，焕发出沁人心脾的茶香。放松心情，心胸就会豁然开朗，怀揣一颗平淡从容的心，我们就会变得坚强自信，过去的痛苦就变成了一笔巨大的财富。

我们每个人，从小到大，几乎没有人一路都是幸福的，从来没有痛苦过。我们对幸福的感受、对生活的认识，正是在痛苦中，有一个不断成熟和完善的过程。但是，我们不能让过去的痛苦，成为自己前进路上的包袱，成为人生路上的一种羁绊，一而再，再而三地被过去的痛苦击倒。

我们面对的世界，万事万物总在变化，我们只有放下令自己痛苦的过往，理智地觉得过去的得失已不可能重新再来，才会静下心来，在生机勃勃的新事物中，领悟到新的机会、新的考验，不但更新自己的能力，面对未来，重新开始，接受当下的挑战。

告别昨天令自己痛苦的事情，才会惊喜地发现，我们已经远离了伤心、失望、畏缩、彷徨等所有消极情绪，愈挫愈勇，鼓励自己，谁也不能将我们压垮。面对未来，我们可以做得更好。走出曾经令我们深感痛苦的陷阱，告别曾经的负荷，让心归零，轻松上路，开始创造新的生活。

过去的一切事情，无论是悔恨，还是得意，都已然是过去，都不能解决当下任何的问题，犹如倒在掌心的水，不管我们是将手心摊平，还是将手心握紧，这些水终究还是会从我们的指缝中流淌干净。与其无谓地握紧，让它成为我们前进路上的羁绊，倒不如从容地敞开，放下过去，去寻找下一眼甘泉；翻过过去得失的书页，开启新的卷面，做好现在的自我，把握好现在的时机，才会有助于创造新的价值。

正如一位著名的诗人所说：“对过去有太多的依恋，便成了一种羁绊，而羁绊的不仅是现在，还有未来。”让过去成为我们前行路上的羁绊，不仅会令我们失掉现在，还会失掉未来。因为一个连现在都失掉的人，又哪有未来？我们只有在前行的路上，学会记得随手关上身后的门，才能开始下一段全新的路，赢得未来。

我们不能决定命运，也不能选择自己的记忆，但是我们可以通过自己积极的行动和逐渐康复的心态让自己重新获得美好。

你要承认眼前的事实，不能让自己一直沉浸在过去的回忆中，不要假装什么事情都没有发生过，不要认为逝去的那个人还会回来。面对现实就是要勇敢地承受现实带给你的伤痛，在伤痛中学会坚强，在坚强中学会独立，独立以后开始学会新的生活。

你还要学会走出自己孤独的屋子，和家人在一起，和朋友在一起，或者认识新朋友。越是一个人待在冷清的屋子里，越是无法走出那个伤心的旋涡。让家人的关怀重新温暖你的心，让朋友的陪伴重新带你回到人群中。不要自己一个人默默难过，一个人默默承受巨大的痛苦，有些事我们必须承认自己一个人承受不来。当你把快乐与人分享，你就会收获两份快乐，当你把悲伤和人分担，你的悲伤也会减少一半。将你的情绪释放出来，没有人会责怪你，爱你的人都会静静地陪伴着你。

你要学会渐渐开始新的生活，但开始新的生活并不意味着要将曾经的一切忘却，要将过去的一切抛弃，回头看不是错，往前走也不是错。

以后也许生活依然艰难，阴天依旧会存在，但经历过最大痛苦的自己还会有什么是不能够度过的吗？不管是怎么过，时间都在一天天逝去，为什么不能给自己给身边的人带去一些好的情绪呢？也许在这段时间里，你有权利任性，但是时间不要太长，别人对你的容忍也不会是一辈子，你总有一天要面对，因此让自己尽快地走出来才是正确的选择。

要知道，未来的旅途不可知但仍旧充满希望，你将带着更强大的力量去寻找自己的路。

第二章

看得透生活真理

简单生活不简单

现代社会中，竞争压力越来越大，人们的精神时常紧绷得像上了发条，人们的脚步时常紧张忙乱，神情时常疲惫倦怠，为生活奔忙。

古往今来，很少有人能挣开名利的“枷锁”，人们争名于朝、争利于市，或可快意一时，可是转瞬之间，一切皆成烟云。

很多时候，人们会被一些外表看似很美丽的东西迷惑，而忘记了自己真正应该追求的不是过程而是结果，或者轻易地把过程当成结果。这时，人们就容易把一些简单的事情变得复杂，并希望从这种复杂中体会到成功的喜悦；而最终，成功却往往因此而与人失之交臂。

人生的道路上若是铺满鲜花反而可能会耽误行程，倘若简单一些，却反而或许会“采摘”到更大的“果实”。因此，人要学会简单地生活。

生活中有很多缺陷和不尽如人意的地方，但是如果纠结其中，就会把简单的事情变复杂，没事也会“找出事”，而不纠结，就会以简单的思维和宽广的心胸去面对，以豁达的目光去审视。缺陷和不尽如人意之处也许蕴含着另一种美丽，再看生活就会觉得生活更加美好。从这个意义上说，简单往往代表着“快乐”。

在世界的历史进程中，从来没有像今天这个时代拥有如此多的物资诱惑。许多人认为，所有这些东西让他们沉溺其中，心烦意乱，使得自己失去了创造力。看看那些在艺术领域、科学领域做出过卓越贡献的人，比如毕加索、莫扎特、爱因斯坦，这些人都生活在极为简单的生活之中。他们全神贯注自己的主要领域，挖掘内在的创造源泉，获得了丰富精彩的人生。

摒弃那些多余的东西，不要让自己迷失方向，贪婪地占有只会占用人们大量的时间和精力，而这些时间和精力本来可以用在人们真正希望去做的事情上。

只有面对真实的自我，才能让人真正地容光焕发。当人只为内在的自己而活，而不在乎外在的虚荣时，幸福感才会滋润人干枯的心灵，就如同雨露滋润干涸的土地一样。人需求得越少，得到的自由越多。正如哲学家所说：“大多数豪华的生活以及许多所谓舒适的生活，不仅不是必不可少的，反而是人类进步的障碍。”虽然豪华和舒适颇具吸引力，但有识之士更愿过简单的生活。

简单的生活，也不是凡事无争、敷衍生活；而是让人心平气和地做自己的工作，过自己的生活。人独处斗室时，可以在书林翰海中徜徉忘我；挚友相聚时，可以在亲情与友情中怡然自乐；在平凡的家庭生活中，也能因亲人关怀的话语而如沐春风，因孩子可爱的咿呀学语而快慰不禁；甚至最单调的锅碗瓢盆“交响曲”，也完全可以换个角度去欣赏、去赞美：“啊，简单的劳动正在丰富和美化着我们的生活！”

总之，在纷繁的世界中抛去苛求，简单地生活，这样能帮助人们重新找到迷失了的“自我”，恢复为利欲蒙蔽的“本性”，使生活多一份诗意，多一份潇洒，多一份平和，多一份自我欣赏与肯定！

让开心主导你的生活

人的情感有“喜怒哀乐”，为什么把“喜”放在第一位？笑也过一天哭也过一天，相信每个人都更愿意笑着度过每一天。偶尔遇到烦心事也很正常，只要记住让开心主导我们的生活，别跟自己过不去。

正是因为人是感性的，才让我们觉得选择是件痛苦的事情，其实我们的生命很简单，只是看我们选择什么样的方式去活着，而开心地过好自己的每一天就是最美的生活姿态，可是又有多少人能够做到这一点呢？

让开心主导我们的生命，你才会体会到生命存在的意义。

已看惯了太阳的东升西落，月亮的阴晴圆缺；习惯了春夏秋冬的冷暖，世间万物的改变；却很难看淡人间的悲欢离合、恩怨情仇，更难将伤心难过看得云淡风轻。当你把开心当成了一种习惯，就会发现你的开心可以感染很多人。

开心与不开心，都要过一天，何不开心地度过每一天呢？

当然，没有哪个人在面对伤心和难过的时候还可以傻笑，但是，你却可以在最短的时间内去调整自己的心态。

人的一生，总有学不完的知识，总有领悟不透的真理，总有一些有意或者无意的烦心事闯到心里来，总之，一辈子不容易，千万不要总是跟别人过不去，更不要跟自己过不去。有人说，看别人不顺眼是自己的修养不够。想一下也是，因为每个人的出身背景、受教育程度、受社会影响都是不一样的，在你看不惯别人的同时，是否别人也看不惯你呢？

所以，开心地去面对每一个人，要学会看到别人身上的优点，学习别人身上的优点；别人的缺点正是你最好的反面教材，给你提出警醒。

开心不仅仅是心里的感觉，而是因为你有了开心的感觉，于是别人可以从你的脸上读到微笑，读到开心。如果你在生活中比较细心的话，就会知道世间最美丽的表情就是微笑。如果你天天想拥有世间最美丽的表情，那么请把开心当成一种习惯吧！

每个人的人生都会经历喜怒哀乐，不良的情绪会让你烦恼，会让你头痛，而开心地生活着，会让你觉得洒脱，既然这样，就请让开心主导你的生活，别再跟自己过不去了！

不要一直低头赶路，还要抬头看风景

一位著名学者曾说过：“情趣爱好可释放压力，也有助于天才的形成。爱好出勤奋，勤奋出天才。情趣能使我们的注意力集中，从而使得人们在没有压力的状态下，圆满地完成自己的任务。”

情趣，就是人们对精神生活的一种追求，对生命之乐的一种感知，一种审美感觉上的自足；爱好是最好的老师，能让我们全神贯注、忘我地投入其中，不仅有利于我们身心健康，还能使我们开阔眼界，焕发精神，释放压力。情趣所产生的乐趣，释放着我们的压力，没有压力的乐趣，变成我们内在的志趣，使我们自觉自愿地保持经久不息的热情，立志为之奋斗。

情趣爱好是个人情感的心理倾向，只有心理健康，才有健康的情趣。培养健康的生活情趣，能使我们的内心世界保持一种淡泊致远的宁静，不让自己在灯红酒绿的花花世界迷失；面对别人的成功不妒不忌，神安气定，心无旁骛，保持平衡之心，坚持奉献；面对各种人生遭遇，得到不喜形于色，痛失不天塌地陷，理智冷静地思考，以阳光的心态投入未来的生活之中。

培养健康、向上的情趣，在调节我们的身心健康的同时，陶冶我们的情操；在帮助我们增长见识的同时，释放我们的工作压力；在增强我们本领的同时，提高道德修养，提升我们的人生品位。只要我们结合身心，学会用爱好陶冶健康情操，自觉自愿地把个人价值与事业的发展统一起来，正确看待自己的荣辱得失，保持心态平衡。做到受荣不得意忘形，受挫不颓废忘志，位显不以权谋私，临财不见利忘义，怀才不炫耀，真诚不吹嘘，有成绩不张扬，在真、善、美的情趣意蕴之中释放压力。

在这个五彩缤纷的世界上，每个人都有自己的生活环境、生活方式。但在繁杂的事务之中，更需要我们培养健康的情趣爱好，让我们在内心的情感和心理需要之中释放压力，舒展情怀。尤其是如今，随着社会生活越来越丰富多彩，人们的生活情趣也越来越多元化。许多人在工作之余，闲暇之时，注重从多方面寻找乐趣和爱好。无疑，这是生活改善的体现，是值得欣慰的好现象。因为我们一旦对某种活动或事物产生浓厚的热爱，必然会激发我们的智力迅速发展。

情趣是我们培养自己钻研、探究的巨大动力，它能激发我们强烈的好奇心，给我们丰富充盈的内心，释放着工作压力、精神压力，将单调乏味的生活，在种花养鸟、旅游垂钓、琴棋书画等健康向上的生活情趣中，变得多姿多彩，精力充沛，让经久不息的热情，点燃我们新的人生旅程。

改变不了环境，就改变自己

只要生活在继续，我们就有不停抱怨的理由：每天一睁开眼睛，就是劣质无味的垃圾食品；一出门，就必须要挤人来潮往的地铁；一进公司，就得在目中无人的老板眼皮底下拼命工作；处理文件时，电脑程序突然崩溃；下班回家迎接自己的是唠唠叨叨的父母，是任性无礼的孩子，还有不可知的罚款单，不可预测的病痛，变化无常的天气……可是，更令我们绝望的是，生活不因我们无休止的抱怨情绪而有所起色，反倒是让我们的心情更焦虑，脾气更暴怒，给他人的印象更差，使自己的境遇更糟糕。

艾森豪威尔出生于美国一个农民家庭。一天晚饭后跟家人玩纸牌，一连四盘，他都没有拿到一副好牌。于是，他变得不高兴起来，嘴里念念叨叨地埋怨个不停。母亲停下手中的牌，对他说："你如果要继续玩下去，就不要埋怨自己的牌如何不好。不管怎样的牌发到你手中，你都得拿着。你唯一能做的就是尽自己所能，打好每一张牌，求得最好的效果。"

艾森豪威尔长大后，走进军营，一直牢记母亲的教导，按照母亲的话去对待生活和工作，把克服埋怨陋习奉为一生的戒律。他人生的前大半时间里，充满了波折、苦闷和压力，但他从不怨天尤人，而是以积极乐观的态度，去接受命运的每一次挑战，脚踏实地处理好当下面临的每一件事情，时刻为未来做好谋划和准备，终于从一个默默无闻的训练营教练，一步一个脚印地当上了陆军中校、盟军统帅，最终成为美国总统，以"勇敢与正直"而著称于世。

"我这样的人格魅力，得益于对我母亲的传承。一个成功人士可能是许多优秀品格的集合体，但在艰难困苦面前不怨天怨地，务实地看待眼前发生的一切，以包容宽厚之心和果敢坚强的意志，处理好现实中的所有问题，尽自己一切所能，使面临的困境得以改变；反之，一个人若是上怨天不保，下怨世上没一个好人，对亲朋、同事、生活、社会都产生抱怨的抵触情绪，这样的人没有一点英雄气概，也不可能指望他成什么大气候。"艾森豪威尔总结自己的成功时说。

是啊，既然无休止的抱怨还是无法改变我们手中的牌，那我们为什么不变换方式尽力打好牌？既然我们改变不了生活，那我们为何不去试着改变自己呢？美国成功哲学演说家金·洛恩说：“成功不是追求得来的，而是被改变后的自己主动吸引而来的。”

与其无休无止地去抱怨他人，不如改变自己的态度，这是慧者的明智之举。世界不会因为我们的抱怨而顺意我们，反而是因我们态度的改变，让世界的一切变得越来越美好。换一个角度来说，生活中的不如意，其实也是锻炼自己的绝佳机会，我们只有改变自己，用智慧的态度，扼住命运的咽喉，在最黑暗的地方，只要能看到光明与希望，即使深感命运不公，让我们头朝下地掉进生命的激流中，我们也应该向那股奔涌向前的力量宣战，认识到生活真正的魅力，就在于挑战中其乐无穷。让我们保持高昂的斗志，为自己的行为，为自己的生活和工作负责。只有背负起责任，才会使自己的内心变得越来越自由、轻松、快乐和平静，拒绝抱怨的不良情绪入侵，就能让自己的灵魂焕然一新。

当你明白一切都是无常时，外界发生的一切不如意也就无所谓了。既然无常，痛苦当然是不会长久的，快乐也是不会长久的。面对突变，要让振奋的情绪在体内不断上升，会让你获得一种永远向上的力量，这种力量使你健康而充满活力。

如果我们不懂得自我反省，改正缺点，无论我们走到哪个地方，都会陷于同样的困境。最终只会落得心力交瘁、精疲力竭，不知道自己应该归向何处。

我们要对遭遇的苦难心存感激，它给了你力量、坚韧和信心。不要为无法改变的事情伤悲。在不幸面前，只有勇敢面对，努力改变现状才是聪明之举，否则只会被命运的旋涡无情地击垮。如果你的境遇已经坏得无法再坏，那么既然如此，只要努力，你就能一天比一天好，又何必沉浸在无尽的烦恼中呢？

能正确认识别人的人是很有智慧的人；能正确认识自己的人是个聪明人；能改变自己缺点的人，是真正的强者。

一个人与其去抱怨自己所受的伤害，不如改变以前的策略，趋利避害；一个人与其抱怨道路不平让自己跌倒，不如弯下腰来将路填平；一个人与其抱怨生活的繁杂，不如改变自己，微笑着面对生活，就会发觉为生活而懂得改变的人，其实最有魅力，也最能在创造价值之中得到快乐。

不完美，才美

判断一个人是不是成功，最主要的是看他是否最大限度地发挥了自己的长处。

从古至今、从中到外，李嘉诚、奥巴马、乔丹等令人瞩目的人物，尽管他们各自所从事的领域不同，但他们身上都有着共同之处：他们都能看到自己的长处，发现自己的长处，凭借自己的优势扬长避短，从而自信地经营出令世人震撼的伟业。

能成就大业之人，最关键的，就在于不断经营自己的长处。而要经营自己的长处，首先要善于发现自己的长处。而发现自己的长处，听起来很容易，实际则不是一件容易的事。生活中，事业成功的，总是少数，而大多数人总是让岁月埋没了自己的聪明才智，耽误了自己的青春年华，蹉跎了自己的时光岁月。究其原因，就是大多数人不能发现自己聪明过人的长处，使自己终其一生的努力奋斗，还是化为了泡影。

我们每个人都希望自己能获得成功，然而成功的路于每个人却往往不同。研究发现，成功者常常不在于他们的能力有多么了不起，而在于他们找到了自己的长处，并充分发挥了自己的长处。

我们每个人都不是一无是处，我们每个人都潜藏着独特的天赋和长处，这种长处就像金矿一样，埋藏在我们平淡无奇的生命中。只要我们善于发现自己的长处，无论遇到什么困境，无论陷于怎样的低谷，都不会彻底放弃自己，一定会努力挖掘自身潜藏的宝藏，发现自己所具有的闪亮点，把握住有利时机，实现自身价值。

我们每一个人，特别是不自信的人，切不可把优点的标准定得太高，而对自身的优点视而不见，更不要死盯着自己学习不好、没钱、相貌不佳等不足的一面，还应看到自己身体好、会唱歌、字写得好等不被外人和自己发现或承认的优点，就能激发我们的潜能，使我们更加充满自信，坚定地向成功的台阶迈进一步。

一个善于发现自己长处的人，会使自己时时刻刻都处于一种快乐自信的心境之中，使身心健康受益的同时，还会使自己充分享受生活，更易轻松登上成功的山顶；无论遇到什么困境，无论陷于怎样的低谷，都不会彻底放弃自己，一定会努力挖掘自身潜能，发现自己所具有的闪光点，把握住有利时机，实现自身价值。

世界上不缺少成功的时机，而是缺少发现成功的眼睛。只要我们善于发现自己身上的长处，就会克服自卑变得自信，懂得自己的珍贵，学会尊重自己，进而懂得尊重他人！不论到什么时候都不会放弃自己，一定会为实现自己的价值努力去寻找、去创造，发现自己所具有的闪亮点，把握有利时机，实现自身价值。

我们只有善于发现自己的长处，才能激发自身的潜能，从而超越平凡。

莫让欲望绑架，别让自己太累

现在的人都很忙碌，忙碌得甚至无暇问一声自己：我们究竟为什么而活着？更没有心思沉静下来回答这个简单的问题：我们为了快乐而活着。看似简单的一句话，要解释起来可真复杂，快乐这个东西，看不见摸不着，无形无色，无法琢磨。其实说白了，快乐就是我们心里的欲望的满足程度，欲望满足了，心里就舒服了，人就快乐了。而一个人有了虚名，一定会附带虚名之累，累及自身，筋疲力尽，失了健康，失了心智，失了原则，失了快乐。

虚名，就是超出了自己本身的能力，超出了自己本身的特质，超出了自己本身能够承受的范围。它是人性的根本，谁能够说自己没有一点点渴望虚名呢？没有了虚名，一个人就会缺乏奋斗的动力。但是，凡事讲究适度，一旦鹊起的名声夸大得过分，使自己特别好面子、贪图追求表面光彩，不能正确地估价自己，将父母或他人的荣耀也当成自己的；因为害怕别人看不起，而不顾经济条件是否允许，在穿着打扮上互相攀比；让所谓求知欲望的虚名、成就的虚名、权力的虚名、占有欲的虚名等，驱使自己甚至是控制自己的贪念，就会使自己变成虚名的奴隶，在大肆宣扬自己名誉的同时，自己的精神层面、物质层面，就会被虚荣心追逐的空名主宰了，掏空了，使自己陷于物欲横流、危机四伏的环境里，常常觉得自己活得很累、不安全、不稳定。这怪不了别人，只能怪自己被虚名奴役着，成为虚名的奴隶。

一个人一旦陷于沽名钓誉的虚名之中，想想自己好歹也是“名人”了，走出去得有款、有度，就会想方设法“武装自己”，看见别人有的，不顾自身实际条件，也一股脑儿地渴望同样拥有，每天生活在自己编织的谎言中，成为车奴、房奴、卡奴，没法不累。但其虚荣的欲望，就像是一座建筑在沙滩上的城堡，只要一个浪头打来，一切就不复存在了。

现实生活中，有很多这样的人。富豪们开名车、住豪宅，是他们的收入足以应付他们的房屋、车子等一切开销。可作为一个打工族，虽然月薪过万，一味追求成为家乡人眼中成功的“款爷”虚名，也去开名车、住大房子，除了把全部的收入都拿出来以外，还要借一大笔需要用余生来偿还的债，一旦失业、生病、家里出个意外，整个人就会始终处在一种焦虑不安的状态，甚至一步步逼自己走上绝境。

人生在世确实有许多偶得虚名，而这些偶得虚名切不能当真。殊不知明星在没有成“星”之前，也是普普通通的人，明星回到现实，也如居家一样，都有甜如蜜的时候，也都有一本难念的经。

不做虚名的奴隶，我们才会懂得，与其名不副实地去掌握别人，让别人的羡慕包围自己，不如提高自己，这才是最值得争取的砝码。与其把自己的价值寄托在别人嘴上，不如把砝码加在自己身上。只有在工作、生活中，不断在内在上、外在上提高自己，充实自己，才会走到任何场合，让他人都觉得自己的魅力无边，这样自己才能做自己的主人。

智者务其实，愚者争虚名。不为虚名所累，不为虚名所羁，保持自己心灵的自然和精神的超脱，不为外界虚名浮利诱惑，过一种丰富安静、真正属于自己的生活。

第三章

看得透爱情婚姻

在爱的同时保持自我

曾在一本书里看过这样一句话："幸好爱情不是一切，幸好一切不是爱情。"

要学会把握爱的尺度，给自己一点空间，保持自我的独立。诗人在《致橡树》中这样描绘爱情，"仿佛永远分离，却又终身相依"——爱情其实也需要留有呼吸的空间。

如果人生是一条绵延的小路，那么爱情只是这条路上众多站牌里的一个小站，它不是生命的全部，生命的全部也不是它。如果我们为了一棵树而放弃整片森林，值得吗？如果我们强留那个已不爱我们的人在身边，值得吗？如果我们为了爱情而自虐，值得吗？不值！请记住，我们是为自己而活，我们是为自己而生。能够轻易流走的爱情不是爱情，我们又何必为了一个不懂珍惜自己的人而流泪，而心痛，而自虐呢？在爱情里，我们唯一可以骄傲的资本就是自爱。

勉强得到的爱也只是一种廉价的施舍。施舍的感情根本没有任何意义。强求维持一份已经不对等的感情，一厢情愿地付出，根本不是爱。为了一个不爱你的人伤心，是不值得的。一个真正爱你的人，会尊重你、欣赏你，而不是挑剔你。你的委曲求全换不来他对你的尊重和爱。如果你想得到真爱，就一定要记住，在爱情里，永远都要做个有尊严的人。

要知道，求来的爱情是多么的虚弱和苍白，如果是自己的错，那我们没有责怪任何人的权利；如果是对方的无情，那痛心的更不应该是你自己。你失去的是一个薄情寡义的人，而对方失去的则是一个今生最爱他的人。或许他此刻不再爱你，但有一天他会记起你的好。

你失去的只是一个人，而他失去的是一颗真正爱他的心。爱情没了不等同一切都没了，何苦折磨自己，何必与自己过不去，又何必让他瞧不起。既然他离你而去，那我们就洒脱地跟他、跟过去说再见。

该放手的时候就放吧，别说你不舍，既然他可以舍得你，你又何必舍不得他？时间让你们相爱，同样也会磨灭你们的激情，更会让你在念念不忘之时慢慢遗忘这段感情。时间就是这么无情与公平，解铃还须系铃人，既然是时间让你们相爱，那就让它消灭你心中的不舍吧！记住，适时而放的人才是智者。

从古至今，各种各样的爱情故事数不胜数。人世间真爱的永恒还在继续，要相信真爱是平等的。

太爱一个人，会被他牵着鼻子走，动辄方寸大乱，完完全全不能自已。从此，你没有自己的思想，没有自己的喜怒哀乐，你以他为中心，跟他在一起时，他就是整个世界；不跟他在一起时，世界就是他。

太爱一个人，会无原则地容忍他，慢慢地，他会习惯于这种纵容，无视你为他的付出，甚至会觉得你很烦、太没个性，甚至开始轻视、怠慢、不尊重你。

太爱一个人，你无异于一支蜡烛，奋不顾身地燃烧，只为求得一时的光与热。待蜡烛燃尽，你什么都没有了。而对方是一根手电筒，他可以不断放入新电池，永远保持活力。

太爱一个人，他会习惯你对他的好而忘了自己也应该付出，忘了你一样需要得到同等的回报——他完全被你宠坏了。不要以为你爱对方十分他也会爱你十分，爱是不讲理由的，所以很多时候，爱也是不平等的。

每个人都应该有一个只属于自己的空间。在伤心失意的时候，到你自己的空间里，学会孤独，学会冷静，找到内心的自己。在任何情况下都不能失去自己，要懂得珍惜自己，爱护自己。即使对爱人爱得再深，也不要忘记给自己留点空间爱自己。

感情不能强求，坦然面对失恋

爱情是伟大而甜蜜的，而失恋却是痛苦和伤心的。失恋，相信很多人都亲身经历过。有些人把恋爱当作游戏，失恋对他来说并不能代表什么。而很多人却把恋情看得比自己的生命还重要。“失恋”这两字也许会带走他的生命。为了爱情，他可以放弃一切，甚至是自己的生命。失恋对于他来说，是痛苦，也是折磨，也许很长一段时间都无法恢复过来。

失恋就像吃了酸味冰激凌，心里酸酸的，凉凉的，让人不能承受。爱过的人心里一定都活着另一个人的影子，虽然和那个人已经分手，但他的一举一动，后来跟谁在一起，总还不时地传入自己的耳朵。

很多人在失恋后要么痛不欲生，要死要活；要么自暴自弃，独自消沉；要么愤世嫉俗，对爱情绝望。其实，你大可不必如此。

有个人失恋了，悲痛欲绝。

一位哲学家走来，轻声地问："你为何哭得如此伤心？"

失恋的人回答说："我和青梅竹马的女友分手，十年的感情啊！说分就分了！呜呜……我好难受……"

不料，这位哲学家却哈哈大笑，并说："这是好事啊！你还哭，真笨！"

失恋的人很生气地说："你怎么这样，我遭受这么大的打击，都不想活了，你不安慰我就算了，居然还嘲笑我。"

哲学家回答他说："傻瓜，这根本就不用难过啊，真正该难过的是她。因为你只是失去了一个不爱你的人，而她却是失去了一个爱她的人。"

失恋的人听了，想了想，停止了哭泣。

看来，失恋的烦恼和痛苦也不是无法解决，只要你肯换种角度、换个心态，就会有另外一番光景。失恋与其说结束，不如说是一个新的开始。前面会有新的路要走。我们对待爱情既要乐观和豁达，又要保持对爱的执着。

失恋其实也是一种幸运。失恋，证明我们真正爱过了。要知道在这个世界上，一辈子都没有真正爱过的大有人在。同这些人相比，在人生中我们已经赢得了让人羡慕的一部分，尽管后来失去了。与此同时，我们的人生已由此变得丰富，感情由此变得深沉，气质也由此变得成熟。

失恋只不过证明他不是你这一生真正要相伴的人，如此而已。

这个世界上，永远没有谁离了谁就不能活，关键是你怎么看。如果你对他念念不忘，甚至还放下尊严，去乞求他回头，这样的哀求，能让一个不爱你的人赏赐你一点真感情吗？别忘了：一个连自己都不给自己保留尊严的人，别人还能尊重你，给你尊严吗？记住，爱情不是慈善事业，是不能施舍的，合适的才是最好的。

失恋后决不能萎靡不振，决不能失去对事业追求的志向和信心，更不能自暴自弃，日渐消沉。

振奋精神，把眼光投向未来，而不是放在眼前的爱情挫折上。这世界上没有谁因为谁而活不下去。失恋了，地球还在转，生活还要继续，与其闷闷不乐，不如开开心心。开心是一天，不开心也是一天，为什么要选择后者呢？

你可以把注意力分散到自己感兴趣的活动中去。用旅游、散步、听音乐、看书、写作、运动、找人倾诉、更勤奋的工作等办法来分散注意力，自我解脱。你也可以向亲密的朋友，倾诉你的烦恼、委屈和悲伤，他们会给你理解、安慰、支持和帮助。

爱情固然是人生中的一部分，但并非人生的全部。人生如同一条长河，当你站在高处俯瞰其全部意义时，就会发现爱情不过是长河中的一段插曲。生活内容是丰富多彩的，当你失恋时，应当用理智战胜痛苦，把感情和精力投入充分实现自身价值、成就事业和对生活的热爱上去。

总而言之，你要多想点快乐的事情，多做点积极的事情，多给自己一点机会。你要明白，失去一段不被重视的感情，最有效的治愈就是放手，最精彩的报复就是自己一定要幸福，告诉自己，世界广阔，森林茂密，下一个一定会更好。

幸福的婚姻互相成全

因为爱，我们步入婚姻，也因为爱，为了家庭幸福我们要懂得互相成全。

宽容是一种气度，也是最好的感情稳定剂。

人们常常用大海来形容宽宏大度的人，这样的人无论在哪里都最受欢迎，充满个人魅力。宽容，看起来很简单的一个词语，但具体落到我们每个人身上，也许就不容易了。不容易就在于我们常常认为宽容是一种软弱，是一种妥协，是一种对他人的纵容，其实，一个懂分寸的人是不会被纵容的，每个人都有他自己的尺度。而一种真正的宽容来自一个人内心的力量。

男人最怕女人什么？不够宽容，是母亲的唠叨、妻子的管制、女儿的娇纵、女友的误解、女同事的挑剔。所以，男人期待来自女人的宽容。有了这种宽容，男人会沾沾自喜，但也容易安身立命，找到自己的位置，并且可以享受所谓的成就感。

每一段恩爱美满的婚姻下面，都有一颗宽容忍让的心。

每一对夫妻都希望他们的婚姻能够“白头偕老”，为了你的爱情和家庭，需要双方做出许多超乎常人的努力。只有拥有一颗宽容的心，幸福就能常驻你身边。

男人的有些缺点是天生的，既然很难改变他，那就只有让自己去适应他，去感动他。因为，在你嫁给他之前，他的毛病已经养成，所以由他去吧！要知道，男人也一直在容忍着自己的很多毛病呢！学会了宽容，最大的受益人就是你自己。所以，不管你在外面有多么能干，回到家里就把自己当作小女人，老公是大树，你要学会依靠，让他做一棵大树，自己做一株小草。无论外面什么季节，你都要让他生活在春天，多给他一点甜言蜜语和宽容，让他沐浴在春风里。

当然，宽容也不是没有界线的，因为宽容不是妥协，虽然宽容有时需要妥协；宽容不是忍让，虽然宽容有时需要忍让；宽容不是迁就，虽然宽容有时需要迁就。宽容更多的是因为爱。人会因宽容而更加美丽动人。

会爱的人对自己的爱人，除了付出真心和真爱以外，还要保持一颗宽容与欣赏的心。宽容能让彼此间有不竭的吸引力，能让彼此的感情保鲜到底。

用心维护家庭和谐

家是重情不重理的地方。当然，家里的事也有对错之分，但实在没有必要非弄出个所以然来。要知道在家里不用每一件事都那么计较，家庭和谐的秘密就在于此。

婚姻是什么？有人说，婚姻是一座围城，里面的人想出来，外面的人想进去。也有人说，婚姻是一座坟墓，它埋葬了人们美好的爱情。还有人说，婚姻是美丽爱情的归宿，是每个人梦寐以求的追求。

虽然每个人都有自己对婚姻不同的解读，但是这个世界上依然有着一批怀揣着对美好爱情的憧憬，憧憬着幸福甜蜜的婚姻生活，憧憬着浪漫牵手到白头的誓言，纷纷步入婚姻的殿堂。

家庭生活是由柴米油盐等琐碎的事情构成的，恋爱的浪漫在这里已经逐渐消失。家庭又是一个重情不重理的地方，家庭的很多琐事没有必要分清楚谁是谁非。两人应该恰当地协调家庭成员之间的关系，用心维护家庭的和睦。

随着时间的推移，有些原本如胶似漆，认为爱情坚不可摧的夫妻渐渐被无端的不满、猜忌、争吵、抱怨、背叛等折磨得筋疲力尽，在矛盾的不断升级中，不堪重负，最终选择分道扬镳。

婚后的生活，由琐碎的细节构成，而每个人的习惯和方式又不同，妻子不仅会和丈夫发生矛盾，与对方的父母也有可能因为生活细节的不同而引起冲突。然而，顺从并不是维护大家庭安定团结的金钥匙，一个大家庭就像一个群体，并不是一个规则就能够畅通无阻的。

要和一个毫无血缘关系的人相亲相爱一辈子是一门极其高深的学问。所以，婚姻中的男女必须要学会在婚姻中修行。婚姻是否平静、长久，取决于双方或其中一方的婚姻修养程度，即一个人对于自身和他人欲望、心理的认识程度、反省能力，特别是自我调整和适应能力。婚姻修养好的人，善于控制自身的欲望，对自己，特别是爱人的心理、为人有不同程度的了解，情绪稳定，知足常乐，适应生活、爱人、婚姻的能力比较强。

懂得彼此很重要。你懂对方，大概就能够理解他现在所想和所需。在尝试理解对方的同时，你也能知道自己的接受程度。遇到任何事都要客观冷静，学会换位思考。掌握分寸，给予对方足够的信任。

处于婚姻中的两个人，若把婚姻当成是一场修行，找对修行的方式，不管道路多么曲折坎坷，只要用心经营，在经历种种考验后，必定能执子之手，与子偕老。

婚姻不是最终归宿，幸福的婚姻才是真正的目的。婚姻不在于选择合适的人，而在于让对方变成合适的人。要明白家和万事兴的道理，也要知道如何让家庭和谐。和谐的秘密并不深奥，只要你有一颗真心、爱心和谦逊的心就可以做到了，遇事少抱怨多顺从，少计较多宽容，这样，你的家庭在你的呵护下就一定会和谐、美满。

第四章

想得开才能不抱怨

经得起生活的磨难

一个人如果在任何情况下都能勇敢地面对人生，无论遭遇什么都依然能保持拼搏的勇气，保持不屈的奋斗精神，那他就是生活中的勇者。

人的生活不可能一帆风顺，难免会有磨难。每个人都可能会有环境不好、遭遇坎坷、工作辛苦、事业受挫的时候。没有勇气、不够坚强的人，当逆境来临时，就会匆匆结束这次“旅行”，提前承认自己的失败；而如果我们足够坚强，就会明白，我们就是为经历这些逆境而来，我们必须磨炼意志，使自己变得坚强勇敢，具备刚毅的性格，能够经得起生活的各种磨难。

有些人在失恋、失学、疾病，或工作中的挫折、失败，以及生活中的其他不幸事件的打击面前，往往一蹶不振，精神崩溃，把自己弄到十分可悲的地步，他们之所以会这样的原因之一就在于缺乏勇敢刚毅的性格。

其实，没有一个人生来就是勇敢的，也没有一个人不能培养出刚毅的性格。不要神化勇者，更不要以为自己成不了那种如钢铁般坚强的人。普通人所有的犹豫、顾虑、担忧、动摇、失望等，在一个强者的内心世界也都可能出现。刚毅的性格和懦弱的性格之间并没有“千里鸿沟”，刚毅的人不是没有软弱的时候，只是他们能够战胜自己的软弱。

无数成功的例子告诉我们：人在面临艰难困苦时，不要失望，而是要拿出勇气来，坚强面对。一个人如果能做到心无旁骛，精神集中，最终往往会走向成功。在人的一生中，苦难其实有许多好处，只是它们很少为人所察觉。比如，苦难是了解自己内心世界的镜子，可以使人挖掘出自己的潜力，而这种潜力在顺境中往往处于“休眠”状态。哲人指出：“一个人，从出生到死亡，始终离不开受苦。宝剑不磨砺就不能发光。没有磨炼，人就锻炼不出勇敢刚毅的性格，他的人生也不会完美，而生命热力的炙烤和生命之雨的沐浴会使他受益匪浅。”

很多人也许不知道：当人在遭受煎熬的时刻，往往也正是生命中有最多选择与机会的时刻。任何事情的成败都取决于人寻求帮助时的态度，取决于人是“抬起头”还是“低下头”。假如你放弃了追求，那么机会也就永远失去了。而实际上，事情的成败并不是不能改变的，关键在于你是否有勇气选择在逆境中接受苦难，并振作精神，从中找到成功的“萌芽”。

成功的本质就是不断战胜失败的过程。任何一项事业要取得相当的成就，都会遇到困难，都难免要犯错误，难免会遭受挫折和失败。例如，在工作上想搞改革，越革新矛盾越突出；在学识上想有所创新，越深入难度越大；在技术上想有所突破，越攀登阻力越多。法拉第说，“世人何尝知道，在那些通往科学研究工作者头脑里的思想和理论当中，有多少被他自己严格地批判、非难地考察，而后默默地、隐蔽地扼杀了。就算是最有成就的科学家，他们得以实现的建议、希望、愿望以及初步的结论，也达不到1/10。”这就是说，即使是世界上一些有突出贡献的科学家，他们成功与失败的比率也大概是1∶10。因此，在迈向成功的道路上，能不能经受住错误和失败的严峻考验，是一个十分关键的问题。

由于出现错误、遭受挫折和失败，有人犹豫徘徊，半途而废；有人唉声叹气，畏缩不前；有人悲观失望，自暴自弃。要知道，错误和失败并不会因为人们的不快、悲叹、惊慌和恐惧而不再“光临”。相反，怕犯错误，怕遇失败，人往往会犯更大的错误，遇到更多的失败。所以，对待错误和失败应该有勇敢刚毅的性格和态度。

错误和失败是对人的意志的严峻考验。不明智的人，在成功面前会骄傲自满；保持“清醒”的人，却能在失败面前更加锻炼自己的意志。人在逆境中的表现是对人是否成熟和气质优劣的最好的检验标准。失败就是锤炼人意志的燧石，会让人在一次又一次的敲打之下“闪闪发光”。那些献身于人类伟大事业的创造者，在接连不断的挫折和失败面前，不但没有被压倒，反而变得更加坚强，表现出了坚定不移向着既定目标前进的英勇气概，失败让他们变得更为卓越。

人经历一次磨难，就如同经过一个黑夜，会迎来一轮新的朝阳，获得人生的一个新起点。磨难会使人充满勇气，使人变得刚毅，使人抛弃骄傲，使人挺直脊梁。每个人都是自己命运的主宰，无论是在逆境中还是在顺境中，人生之舵都完全由自己掌控。没有挨过冻的人不知道衣服的温暖，没有挨过饿的人不知道饭菜的美味，只有那些从艰难困苦的岁月中走过来的人才懂得珍惜今天的幸福。

勇气在人的精神世界里是挑大梁的“支柱”，没有勇气，一个人的精神大厦极有可能坍塌。

勇气是力量的源泉，刚毅是胜利的基石。失败并不可怕，可怕的是因挫折而畏缩，丧失了向前的勇气。自古以来，不以成败论英雄，而以勇敢视豪杰。什么是勇者？敢于面对挑战、敢于应对挫折的人就是勇者。

抱怨不能改变现状，只会磨掉你的光彩

抱怨是一剂毒药，对自己如此，对听你抱怨的对象也如此。如果你有一个朋友整天对你抱怨，抱怨生活的不公，抱怨工作的不顺，抱怨家庭的不和，相信没有哪个人会愿意与他长时间待在一起。因为这样的人给别人带来的永远是负能量和太过消极的人生观，他的情绪传导给周围的人，周围的人也容易变得焦躁不安。人生本是一条欢快的河流，何必让你的抱怨使它变得浑浊不堪？

生活中，我们总会遇到不顺心的事，工作上的压力、家庭里的不和谐……有些人遇上这些事可以自己用各种方法进行调节，比如听一听舒心的音乐，比如在空旷的地方大喊一声，比如去做运动，通过流汗让自己的怒气得以释放……但也有一些人喜欢和别人诉说自己的不快，虽然这也是一种释放烦恼的方法，但长久以往，你带给别人的负能量过多，

诉说就演变成了抱怨。且不说这些抱怨是否真正能排遣你内心的郁闷，也许你只是把它当成了一种倾诉的习惯，你抱怨这个人的不好，抱怨这个人让你看不惯的生活细节，每时每刻你都是在攻击别人，其实同时也是在攻击你自己。你让这些纠结的人根深蒂固地存在你的脑海里，你的本意是想要摆脱这些烦恼，但其实抱怨越多，烦恼也就越多，这些事也记得越深刻。

抱怨不仅会侵蚀你的思想、你的生活，也会影响你的身体健康。一个人总是被负面情绪围绕，想的事情也多，最容易影响的就是你的睡眠质量。大家都知道，睡眠对于一个人来说是十分重要的。如果晚上睡不好第二天起床可能就会精神萎靡、面容憔悴，那么一天的工作效率也不会高，经常性的失眠也容易危害身体健康。相信大家都体会过失眠的感受，想睡又睡不着的滋味不好受。其实，排遣负面情绪的方法有很多，不必选择抱怨这一种，它是危害你身体健康的毒素，也是让你的朋友甚至家人对你感到失望的始作俑者。

一般而言，人面对各种负能量通常都有自己的解决方法，但同时他们的工作和生活压力也较大，时常在承受不住这些东西的时候就会通过抱怨的方式发泄出来。比如说，碰到一个难缠的上司，他可能今天给你的任务比较多，比较繁重，需要你加班到很晚；你的上司总是处处为难你，你不知道自己在什么地方得罪了他；你的上司对你不器重，重要核心的业务都不安排给你……这时候，你就会在和朋友聚会、聊天的时候说起这些事，说起你上司这个人，你对他有多厌恶，他是怎么为难你的，他让你郁闷得想放弃。朋友们没见过你的上司，他们只能通过你的描述把他定位为一个可恶的人，然后帮着你一起骂人，说他的不对。通过这样的发泄你觉得自己的郁闷得到释放了，但其实第二天上班，什么也没有改变。因为你只是想到了别人对你的为难，没想到为什么你会遇到这样的事。而朋友们对你的附和也可能仅限于这几次，久而久之他们也会对你的抱怨持怀疑的态度，为什么总是你遭遇到这样的事？难道你自己没有错吗？

当然，有了不满偶尔发泄也并不为过，害怕的是总认为全世界都在和自己作对，人生中不如意之事总是随着自己转。于是，无论何时何地，只要与人攀谈，内容就永远都是喋喋不休的抱怨。

怨天尤人始终是于事无补的，而只会让自己的心情越来越坏，情绪越来越糟糕。

有些人习惯了抱怨，在抱怨中，对自己的幸福视而不见，一味地放大缺憾，于是内心中充满了怨恨、冷漠、自私和怀疑。这些负面的东西会蒙蔽人的双眼，让他们只看见荆棘而看不见身边盛开的玫瑰。也会蒙蔽人的双耳，让他们听不见夜莺的歌唱。还会蒙蔽人的心灵，让他们感受不到生活馈赠的幸福。

抱怨是一把双刃剑，伤人伤己。抱怨只能让你肩上的包袱越来越沉重，你若试着把这个包袱从肩上卸下来，就会真正体会到轻装前进的愉悦。

生活本来就是如此，它不会让你事事如意，但是你却不能因此而放弃快乐和幸福的生活。有时候，只要你转换一下思维的方向，站在对方的立场上想想，问题就会呈现出截然不同的答案。

于丹曾在《百家讲坛》中这样劝慰大家："每个人的一生中都难免有缺憾和不如意，也许我们无力改变这个事实，但我们可以改变的是看待这些事情的态度。要想生活得快乐幸福，眼睛里就必须能容得了你不喜欢的东西，心里面放得下你不喜欢的事儿。"

事实上，对习惯抱怨的人来说，生活就是一道又一道墙，处处为难自己，郁闷满胸膛，人生的格局别别扭扭。对习惯不去抱怨的人来说，生活就是一道又一道门，他看到的只是门锁处的方寸空间，然后调动智慧和资源，找到开启门锁的钥匙，这个过程充满挑战和乐趣，既提升了自我，也扩展了人脉，人生的格局也舒展洒脱、欣然可观。

坦然面对得失

有句古话说得好：争一步两败俱伤，退一步海阔天空。

"君子贤而能容罢，知而能容愚，博而能容浅，粹而能容杂。"这是荀子的精辟概论。君子之所以被尊称君子，皆有一颗退一步海阔天空的宽容胸襟。古来成大事之人，大都具备了这种"记人之长，忘人之短”的退一步海阔天空的情怀，才在人们心中留下美名。

退一步是海阔天空的豁达，是一种深厚的涵养，是一种高尚的品德。在当今激烈竞争的时代，每个人努力进取、坚持不懈的行为无疑是值得肯定的。然而，在复杂的人生道路上，我们既要敢于拼搏，也需要有为有守。退一步不仅是一种机智，也是一种坚忍的毅力和顽强的意志。瞬间的忍耐，将使狭隘的人生之路变得海阔天空。

清朝时，有位叫张廷玉的人在京为官，留在安徽老家的亲人想要造房，其邻居是一位叶姓侍郎的亲眷，也要起房造屋。两家为争地发生了争执。张老夫人便修书北京，要张宰相出面干预。张宰相看罢来信，哈哈大笑，提笔回复道：“千里家书只为墙，再让三尺又何妨？万里长城今犹在，不见当年秦始皇。”张老夫人见书明理，立即把墙主动退让三尺，叶家见此情景，深感惭愧，也马上把墙让后三尺。就这样，张叶两家的院墙之间，形成了六尺宽的巷道，成就了有名的“六尺巷”。

退一步海阔天空，让三分心平气和。许多时候，对于别人的过失，我们做些必要的指正无可厚非，但是若能以博大的胸怀去宽容别人、谦让一步，就会让自己的精神世界变得更加精彩，其体现出的，更是做人的大气量。

日常生活中，我们却常见身边不少人因一句闲话争得面红耳赤；邻里之间因孩子打架导致大人拌嘴，老死不相往来；而夫妻之间因为家庭琐事劳燕分飞……其实，生活中哪有那么多输赢，退一步共奏凯旋，才互为胜利者。

退一步海阔天空，是一种自我调节心理平衡的思维方式。在生活中，我们难免遇到一些不随自己意愿或与自己意愿背道而驰的事情时，改变一下自己看问题的角度及原有的“以我为中心”的思维方式，往往能得到减轻或消除给自己造成的心理压力，尤其是在非原则的问题上或在自己应得的物质利益上，一个人如果能以宽容之心对待他人之过，就会取得化干戈为玉帛的喜悦。

懂得退让者，会原谅别人的过错，不计较，不追究，懂得做人要学会设身处地地替别人着想，不刻薄，与他人为善；在生活或工作中，心境平静宽容，凡事顺其自然，不背包袱，不受任何心理压力的干扰，坚守心灵深处的高贵，不屈服于压力或贪图物质利益的享受，更不会轻易地妥协，甚至出卖自己的良心。在个人的名利或物质利益受到损害或由于个人利益与他人发生矛盾时，以退让之法顾全大局，保全自身安危，化敌为友减少日后工作中的障碍。

当一个人的名利或物质利益受到损害，或个人利益与他人发生矛盾时，如果能大度地退让一步，不仅不是懦弱，不是失去，反而是在大忍之中，重新获得更宽广的天地。

退一步海阔天空说来很简单，可现实中又有几人能付之行动？在别人犯了无心之失时，说一句“没关系”；在别人触犯到利益时，说一句“我不介意”；在与别人观点发生分歧时，说一句“这没什么”。这寥寥数语虽然人人都会说，可实际生活中却没有多少人能将它深植在心中：行程中有太多的人为公车上的磕磕碰碰争得面红耳赤；生意场上，有太多的人为蝇头小利争得你死我活；学术界，有太多的人为了学术上的不同观点而弃斯文于不顾。在名利面前，做到退一步海阔天空，实则是一种至诚的美德和修炼。

我们每个人都是一个独立的个体，任何人都不能将自己的思想、行为强加于人，而我们又必须在同一片蓝天下生活，要想与周围的人和谐共处，就必须要修炼出退一步海阔天空的宽容胸怀，展开胸襟，绽开笑脸，接纳天下事。只有这样，小小的心灵，才能爆发出比大地更厚重，比天空更广阔的惊天伟力。

生活或职场中，许多事情不是我们人为所能控制的，也是必然的，但既然不如意的事情发生了，我们就应该戒骄戒躁从容面对，而不应该自怨自艾，甚至破口大骂，大打出手，与别人争得头破血流。

我们要学会受到别人误解时，退一步宽容地为之一笑，对方也会成为自己的朋友；当朋友之间有分歧时，用退一步的心连接友爱的桥，既可化解纠纷，又可增进友谊。可见，退一步是感情的催化剂，可以使感情更加淳厚，使我们在茫茫的沙漠中，收获生命的绿洲；在风雨之中收获彩虹；在孤寂退让之中，收获心底那一篇色彩斑斓、无怨无悔的成长诗行。

退一步海阔天空，用自己这份大海般宽阔、能包容万事万物的胸襟，去耕种友善，收获喜悦，创造奇迹。

在寒冷的日子看太阳

我们每个人的心怀，就像一口井，一旦装满清澈的感恩之水，抱怨的苦水就很难流进来。因此，一个人的心胸一旦充满感恩的正能量，我们在身陷困扰或挫折时，就不会抱怨这个世界不公平，感恩的阳光会让我们的生活变得明媚，感恩的雨露会滋养出内心葱绿的希望，会让我们在忙碌的充盈之中，踏实勤干，将无能为力的抱怨情绪驱逐在外，自己才会成为一个出类拔萃的人。

敬人者，人恒敬之；怨人者，人恒怨之。只有当我们首先学会尊重他人时，才会得到他人的尊重；如果只是一味抱怨别人，别人回报给自己的，也将是永恒的抱怨。我们只有正确地直面困难，就算是失败了也不会留下遗憾。相反地，如果只是一味抱怨他人，向困难低头，自己的未来，便会输得更惨。因为从古至今，没有一位成功人士是通过抱怨获得成就的，也没有一道难关是能用抱怨的态度来解决的，更没有一项伟业是通过抱怨来获得的。

抱怨的情绪，就犹如住在我们心头的恶魔，只会徒增自己的烦恼，只会让人家更看不起我们，更敌视我们，只会让自己的心情更加失落，也只会让机遇白白从我们的指缝间溜走。

抱怨的情绪，绝对不能令自己获得他人的欢喜、满意和钦佩，相反只会使自己得到他人加倍的排斥，更有甚者，拥有抱怨情绪的人，对他人常会态度恶劣，不懂将心比心，更不会心存善念。并且，这种负面情绪，像一种无形的病毒，会在不知不觉中蔓延，不断吞噬着我们的职业追求、工作热情、人生理想，对我们职业生涯的发展，造成很大的负面影响。一个人一旦产生抱怨情绪，就像带着沉重的负荷，将曾有过的不幸，喋喋不休地繁衍到现在、蔓延到将来，不仅丝毫无法改变自身命运，反倒让转机加速从颓废之中悄然溜走。

一个喜欢怨东怨西的人，心里就像有个魔鬼一样，总有不停烦躁的理由，就是不懂自我反省，总觉得他人的付出是应该的，对别人的付出漠然视之，对别人的偶尔忽视，就心生怨恨，对自己的人生际遇总是模糊不清，对自己的付出心有不甘，对自己的获得有所不满，因此总是愤愤不平，怀忧丧志，从而令自己一蹶不振。

一个人一旦产生抱怨的情绪，就会使自己陷于杞人忧天的境地，使自己在长年累月的重复、单调、枯燥中，觉得度日如年，看不到美好的未来，总感觉世间的一切对自己不公平，好像全天下的人都对不起自己，这种情绪带来的人生危险讯号，吞噬着自己的健康，污秽着自己心灵深处的一方净土，令面容冷漠，令心灵自私狭隘，令自己身处无人问津的可悲孤独之中，令自己的前路迷茫灰暗。我们只有改变抱怨的情绪，清理自己的心灵，反省自己的行为，将抱怨的恶魔驱逐出心灵，让阳光重新照射进来，重塑自己，才会看到眼前一片明媚的天。

抱怨的情绪是感情的毒药，而感恩的心态则是生活的蜜糖；抱怨是从嘴里说出来的，而感恩所携带的明丽，则是从心窗腾空飞出来的。

感恩的心态，会让我们从一个唠唠叨叨、无所事事的人，变成一个有修养的人。懂得真诚待人，获得正能量与能力，自然会得到提携和重用，从而为自己赢来更多的成功机会；一个心怀感恩的人，懂得在磨炼之中，让生命充满温馨，让灵魂变得更加纯净，让自己由平庸升华为卓越，使自己在努力的工作中，创造非凡价值，这样才会用心发现头顶的天空很美很蓝，心中的路很宽很广，未来的生活很美好很明媚。

感恩的心态是化解抱怨情绪的良药，这样的人生态度能使我们的生活多姿多彩，使我们的人生更加丰富美好。

第五章

想得开才能不生气

美好无处不在

《红顶商人胡雪岩》一书中有一段被业界认为非常经典的话：如果你拥有一县的眼光，那你就可以做一县的生意；如果你拥有一省的眼光，那么你就可以做一省的生意；如果你拥有天下的眼光，那么你就可以做天下的生意。同样地，美国著名企业家洛克菲勒也说过一句话："眼光决定财富。"

这些话听起来似乎有些玄乎，一个人的眼光，有那么重要吗？然而，千百年来的经典事例却证明：这是实实在在的真理。

苏东坡与佛印的故事，相信许多人都耳熟能详。

一次，苏东坡问好友佛印："我在你眼中是何法身？"佛印答曰："是佛。"佛印也这样反问，苏东坡却回答"是粪"。

回家后，苏东坡扬扬得意地向苏小妹炫耀了一番，苏小妹却道出真谛："本心是佛，看人是佛；本心是粪，看人是粪。"

苏东坡一听傻眼了：可不是吗？佛印原来本心为佛，自以为占了便宜的自己实则是本身为粪。

这个故事告诉我们：一个人的世界是什么样子，取决于自己用怎样的眼光看世界，如果你总是用消极的眼光来看世界，凡事怨天尤人，那你的整个世界就会输给抱怨；如果你看世界的眼光是积极的，那你所拥有的世界当然也是积极的。

眼光，是一个人对待事物的一种驱动力，不同的眼光，将决定我们不同的人生态度，将产生不同的驱动作用。积极的眼光，会产生积极的态度，产生积极的驱动力，注定会收获一个美好的结果。反之，与消极的态度对应所产生的，也将会是消极的驱动力，注定会得到消极的结果。所以，我们只有用积极的眼光看世界，把正能量、正确的方方面面扩展开来，才会发现世界原来精彩无限。

大到一个民族、一个国家，小到一个企业、一个家庭，肯定都会有其丰富、丰盈、温馨等吸引我们的诸多积极的一面，但也难免存在令我们深感一时还无所适从的消极一面。这就需要我们用积极的眼光去对待：生活中、工作里，尽管会有不合理之处，我们也要用积极的眼光看待生活、工作中的种种困难，用正确的心态对待，用积极的行动去补救，展现在我们头顶上的，则会是一片蓝蓝的天。

在我们每个人的生活或工作中，无论当下遇到多么令自己感觉沮丧、悲痛，甚至是屈辱的事情，永远都要学会用积极的眼光看世界，始终坦然承担无法避开的挫折，遇到他人的求助时，积极主动地伸去援助之手，在为他人做出自己力所能及的贡献中，修补起自卑自怜的阵痛，在体现自身价值的同时，也会收获一个开满鲜花的人生。在全身心地投入阳光事业中，唤起自己的激情，让眼前的困难在自己面前变得渺小，就像太阳，无论走到哪，都会照亮阴暗，将消沉的意志转化为力量，力排眼前的困难，让心中溢满的阳光，折射到自己的周遭，感动身边的人，带动身边的人，让自己的整个世界充满希望。

也许有很多的工作没有人安排我们去做，也许有很多的职位空缺，我们只有在积极的眼光中，调整积极的心态，积极主动地行动起来，不仅锻炼自己的能力，同时也为自己争取职位积蓄了力量，增加实现自己价值的机会，我们才会在与各种各样的人打交道、遇到各种各样的事情时，包容他人不同的喜好，包容他人不同的为人处世风格。懂得在当今这个充满激烈竞争的年代，我们今天的事业、我们的人生，不是上天安排的，而是我们以积极的态度去争取的，将痛苦长夜的体验、危险的障碍化为寻找到信心的斗志，那么许多呈现在我们面前的事情，将是五彩缤纷、多姿多彩、健康向上的，从而会使我们在美好的心情中，感受到这个世界的美好和可爱。

心态积极的人，即使遇到再糟糕的事情，也觉得这是一次锻炼自己魄力的好事，取下权衡他人的有色眼镜，擦亮友爱的眼睛，发现生命之美，发现雨后彩虹，发现亲情之美，发现世界之美，让灿烂的阳光照亮自己的前程。

只要我们具备积极的心态，就能把好的、正确的方面扩展开来，同时在第一时间投入进去，唤起自己的激情，使困难在自己面前变得渺小，让阳光在自己眼前光大，我们收获的才会是一个开满鲜花的人生。

不拿别人的错误惩罚自己

生命之舟载不动太多的东西，要想使船在抵达彼岸时不在中途搁浅或者沉没，就必须轻载，只取必要的东西，把不该要的统统放下。

我们在平时的工作、学习和生活中，总会遇到一些不愉快的事，总是有人想不开，拿别人的错误来惩罚自己，其实，这是很愚蠢的。孩子调皮捣蛋，你生气难过；受到朋友的欺骗，你愤怒难忍；爱人的不理解，你也郁闷委屈。负面的情绪也许是生活的调味剂，但如何能将负面情绪的影响缩小，不让它影响到自己的生活，这才是最重要的。许多人之所以不快乐，大都因为他们不自觉地让别人控制了自己的心情，往往因为某件事或者某句话令自己很生气。一个真正懂得快乐的人是不会用别人的错误来惩罚自己的，他们会将快乐掌握在自己手中。如果因为别人做错的事而难过、伤心、愤懑，甚至吃不好饭睡不好觉，那就是在用别人的错误来惩罚自己。生活已经很不容易了，放下执念，碰到烦恼的事尽量绕道行，只有这样你才能活出自己的精彩人生。

生活是美好的，我们没有理由把宝贵的生命浪费在对别人的埋怨和痛恨之中。每个人都有自己的价值观，也有自己的生存方式，我们与其去勉强改造别人，不如好好经营自己的生活。如果拿别人的错误来惩罚我们自己，带着情绪去生活，那么我们的生活一定是不愉快的，长期的心绪郁结还可能给我们带来诸多身体疾病，这是得不偿失的做法。

正是因为每个人都具有不同的性格，不同的观点，不同的行为方式，才会形成这个五彩缤纷的世界。万千世界中，做事正直公正的人受到众人的赞赏与喜爱；狭隘自私的人，不择手段，令人作呕。但是，我们无法预见自己碰到的是哪种人，然而，无论我们遇到哪一种人，我们都要以一种平和的心态去对待；尽管我们有时可能“吃亏”了，令我们“无法容忍”了，但我们仍要调整自己的心态，我们不能改变别人，也无法改变别人，只有改变我们自己，让自己不要生气。不生气，不拿别人的错误惩罚自己就是爱惜自己的健康，就是给自己更多的机会和幸福。

不在意任何发生的事情，好事、坏事、好人、坏人，对我们的心境不起任何作用。明智地对待事实，生命之舟已然负重，又何必和自己过不去，让它更加沉重，直至超载呢？

人生本来就是一个背负行李前去旅行的过程，卸去一个个没用的旧行李，背起让我们愉悦的新行李。我们要做的就是在每天的生活中不让任何事情影响我们的平静心情，以一种超脱的心境对待生活。

好心态，幸福一生

世界上，有谁不希望自己能够拥有和谐的人际关系，有谁不希望自己在这个社会上如鱼得水？但是，众口难调，每个人的立场观点不同，我们怎么可能让每一个人都满意。你一厢情愿地认为自己照顾到了每一个人的感受，但最终还是有人对你不满意。

有时候，我们费尽了心思，想让更多的人对自己满意，结果，我们生活得战战兢兢，唯恐别人对我们不满意，但即便如此，还会有人对我们不满意，我们又为此伤神。很多时候，我们将大量的时间花在了如何使别人满意上，结果弄得自己身心疲惫。

我们总是很在乎别人的言论，搞得自己心绪不安，烦恼重重，其实大可不必。你的价值，不能由他人来评定和证实，不管在什么环境下，你依然还得做你自己。生活是自己的，你有权利选择想要的生活方式。按照自己喜欢的、舒适的方式生活，超脱心灵的枷锁，才能拥有真正的幸福。

其实，人与人之间并没有太大的区别。只有拥有了好心态，也就能把握住了一生的幸福。

如果问，“什么是你一生最重要的？”相信绝大部分人都会说“幸福”！是的，做幸福的人感觉真好，这是大多数人一生的梦想！说实际一点，人的幸福就是能让自己一生快乐，过安稳幸福的生活。但是，幸福不会从天而降，需要你去经营。一个不能够经营自己幸福的人，问题不在于别人，而在于他自己。

哲人说：“你的心态就是你真正的主人。”伟人说：“要么你去驾驭生命，要么是生命驾驭你。你的心态决定，谁是坐骑，谁是骑师。”

一个人若能保持良好的心态，那么他一定能拥有美好的人生。心情好了看什么都顺眼，做什么事都顺心。如果每天都能保持一份好心情，那么，你每天都是快乐和充实的。

有一个女人，看着亲朋好友逐渐发达，便整天抱怨丈夫，嫌弃他过于老实，总是觉得生活不开心。她的母亲是位智者，处事成熟，是远近闻名的聪明人。有一天，母亲去看望女儿，听见女儿诉苦，便端来一杯水，一包盐。她把盐放在水里，然后说："你喝一口，告诉我是什么味道。"女人照做，喝了一口："哇！好咸……"

母亲笑了笑，说："跟我来。"

母亲把女儿带到了湖边："你把盐撒在这里面，然后再喝一口。"

女儿又照做了。

"什么味道？"母亲问。

"很甜。"女儿回答。

母亲拉着女儿的手，轻轻地说："女儿啊，所谓人生不如意之事十有八九，不如意的事情是非常多的。幸福的程度不取决于物质的多寡，而是你心态的豁达程度。现在的不如意只是一杯盐水，而一生的幸福就是一湖的甜水啊。如果你能承受一杯水的苦涩，那么你必能享受一湖水的甜美。你虽然没有精明能干的丈夫，但你有一个忠厚老实而且深爱你的丈夫，你其实很幸福。你现在羡慕别人事业有成，别人说不定也在羡慕你家庭和美呢。"

把心态放开，试着想象，那容纳痛苦和烦恼的不是一杯水，而是一个湖，这样，你的心就宽敞明亮多了。

人们都愿意处于欢乐和幸福之中。然而，生活是错综复杂、千变万化的，并且经常发生祸不单行的事。频繁而持久地处于扫兴、生气、苦闷和悲哀之中的人必然会有健康问题，甚至减损寿命。人要保持年轻，第一就要有好心态。试想，每天提心吊胆，愁眉苦脸，不早衰才怪呢！那么，遇到心情不快时，如何保持一份好心情呢？有一种最简单有效的方法：装出一份好心情。装着有某种心情，往往能帮助他们真的获得这种感受——在困境中有自信心，在不如意时较为快乐。这也就是心理暗示。

可以看出，这些幸福的人的心态处方，是非常实用的，都是针对人们常见的弱点而提出的。但是幸福不是口头上的，需要一个人用心去体会、用全力去争取。不仅要取得幸福的理念，更要注意用事实说话，衷心希望朋友们，能从中获得裨益，让自己幸福一生。

让阳光照进生命，做一个幸福知足的人

一个人的心若常常在黑夜的海上漂浮，得不到阳光的指引，终究有一天也会沉沦到海底。时光如水，生活似歌，我们每个人若想要让生活

过得有意义、有价值，让心灵充满阳光，学会塑造阳光心态，就显得非常关键和至关重要。

我们每个人如同生活在繁杂世界里的小苗，杂草越多小苗就越难生长，收成就会越差。阴暗的心态只能将我们打入抱怨、不满、气愤的牢笼，让痛苦的回忆总是剥夺着我们当下的快乐，我们只有让心里装满阳光，才会宽容过去的一切伤害，才会轻松地、开心地拥抱当下生命中的每一个时刻，才会拥抱生活中的每一个细节，在挫折中总结经验、吸取教训、悟出道理，让过去的每一种苦难或失败经历，成为自己迈向成功的铺路石，让曾经的痛苦，奠定自己辉煌的将来。

一个心里充满阳光的人，才会习惯性地发现生活中积极的一面，习惯性地用美好眼光看待生活中、工作中的一切，学会接纳自己，接受他人，接受生活，珍惜生命，坚信只要有生命存在，每个人的生活就是完美的；在欣赏他人时，懂得感激，在感激之中，热爱工作和生活，从而形成一个整体的积极互动。

我们只有拥有阳光般积极的心态，才能学会与身边的同事，周围的人真挚相处，欣赏比自己能干的人，欣赏别人为自己做的哪怕看似一些微不足道的小事情，就会自然而然地将嫉妒所产生的憎恨、厌恶，转变为感激和感恩，广交朋友，与每一个朋友真挚沟通，就像打开一扇扇窗户，让我们看到一个绚丽多彩、令人陶醉的世界。

糊涂一点，让自己的心随风而动，随雨而下，大事明白，小事糊涂，这也是做人的一种聪明。潇洒一点，让自己有一个好的心态，做人拿得起，做事放得下。人生在世，有得就有失，有付出就有回报，鱼和熊掌不能兼得。有时你的付出不一定能得到回报，但自己要想明白一些，不要太苛求自己，生命总有它的轮回，上天是公平的，它对每个人都是一样的垂青。

人生苦短，就好好地潇洒走一回吧。快乐一点，珍惜自己的生活，珍惜自己的生命，享受自己的人生，过去的就让它永远的成为过去吧，希望总在未来，做人就快乐一点，让心自由的飞翔，忘记所有的痛与爱，做一个快乐的自己。

忘记年龄，不要让自己的年龄成为自己变老的理由，不管我们多老，只要有一个好的心态，只要我们自己不觉得老，别人怎么看是他们的事。走自己的路，让别人去说吧。

忘记名利，名利是身外之物，我们都是平凡的人，每个人都希望有自己的一份名，也有自己的一份利，遇到不开心的事，总以为上苍对自己是不公平的，其实，简单平凡的生活才是最大的幸福。

忘记怨恨，人活在世上，不可能没有爱恨，也不可能没有矛盾，但只要你好好想想，那个人值得你恨吗？那个人值得你爱吗？那个人值得你去怨吗？我只能告诉你，没必要浪费自己的宝贵时间去憎恨一个不值得的人？恨别人，恨一个不值得的人，是一种最愚蠢的事。在寂寞的时候，可以找个知己说话，在烦恼的时候，让心歇歇脚，给自己一个空间，让自己的心灵有一份纯净的湖泊。

一个心里充满阳光的人，坚信风雨过后，终会有美丽的彩虹；生活中不吝啬自己美丽的微笑，懂得在心底最深处寻找属于自己的那份宁静与淡然，凝聚坚强，守护一份澄明的心境，感悟生命中的点滴，让一缕阳光折射到心底，让一份淡泊与美丽停留在心湖深处，懂得珍惜，因而生活里总会多一缕阳光。

在我们的一生中，痛苦和快乐总是如同阳光与阴影一样相互伴随着，就如同花开总有花落时，在阳光的照射之下，学会聆听自己，欣赏自己，尽情拥抱着大自然的亲切，在馨香的自然之美，清新的田园风光之中，尽情聆听大自然的歌声，心中就会飘荡着一份宁静的韵律，抛开心中的烦恼，让心中升腾起无尽的幸福感，给生命一份恬静，坚信明天会更美好，绝不轻言放弃，笑对生活，扬起生命的风帆，升起心中的太阳，让阳光照亮心房，精神振奋，敞开心扉，与人为善，笑对人生。

拥有阳光的心态，我们的生活于无形之中就会少一分烦恼，少一分狭隘，多一分快乐和幸福，生命之树自然常青。

第六章

想得开才能不纠结

何必活得那么累

每个人在一生中都会遇到很多事情，有快乐的，有悲伤的，人要想活得轻松洒脱，就要“想得开”，只有“想得开”，日子才会过得好。

“想得开”，是生活的技巧，是为人的哲学，是处世的艺术。人生苦短，岁月匆匆，令人烦恼的事天天有，“想得开”、心胸坦荡，就会海阔天空、快快乐乐；坏事或许会变为好事，悲伤或许会化作喜悦。

人生在世，要活得明白、活得痛快，就要“想得开”：受到冷落时要“想得开”，遭到嘲讽时要“想得开”，受了委屈时要“想得开”，遇到不平时要“想得开”，患了疾病时要“想得开”，丢了钱财时要“想得开”，碰到挫折时要“想得开”，有了灾祸时要“想得开”……“想得开”，是一种风采、一种胸怀；更是一种气量、一种境界。

快乐并不依托于外在的物质，而是来自发现真实独特的自我，坚持自己的生活原则，保持心灵的宁静，过自己想过的生活，这样才会找到内心的快乐。

是的，快乐与否完全取决于你自己的心态。在生活中，每个人都会遇到不尽如人意的地方，有些人对此纠结不已，他们想不通自己为什么不如别人，时常唉声叹气或者怨天尤人。其实，如果换个角度去看，就会发现，这是在自寻烦恼，因为，很多时候，自己过得幸福就可以了，用不着总是和别人比较，应该“想开些”。世上有了太多的攀比，才会有那么多人为“得不到”而郁郁寡欢。

但世界是公平的，它往往会在关闭了一扇门之后，再为你开一扇窗。所以，一个人与其羡慕别人所拥有的，不如自己“想开些”，珍惜自己所拥有的。

现实中，许多人总是抱怨自己生不逢时、怀才不遇，感叹人生苦涩、无缘富贵，却对自身拥有的一切视而不见。其实，从某种意义上讲，一个人能来到这个世界本身就是一种幸运，能拥有一个健康的身体更是最大的幸运。所以，不要钻进“牛角尖”纠结于自己不如别人，你若想快乐，你随时都可以快乐，没有人能够阻拦得了。生命如同一朵花，有花开，也有花落。人世间最宝贵的是生命，要懂得享受生命，选择快乐。快乐地过是一辈子，痛苦地过也是一辈子，那么为什么不让自己活得快乐一点呢？

人生就是要如此优雅从容，不管遭遇到什么，我们都能有一种良好的心态。

人们希望烦恼放过自己，让自己落得片刻清闲。其实，不是烦恼不肯放过你，而是你不肯放过烦恼，不肯放过自己。如果自己想不开，不能把烦恼当作一件平常事，任凭旁人如何开解，烦恼仍然是烦恼，根本不会改变。

天下本无事，庸人自扰之，自寻烦恼就是自讨苦吃。每日只想烦恼，更加看不透其他人和事，对于一个人的判断力也有极大影响。何况，一个人应该向远处看，才能走得更远。只是看到眼前的一点小事，被小事绊住手脚，如何做大事？

能够忘却烦恼，体现了一个人的智慧，也体现了一个人的心胸。人活于世，过好每一个今天，不去追悔昨日的事，不去担忧明天的事。

心不乱，你的世界就不会乱

“破万卷书，走万里路”，“心有多大世界就有多大”，说的就是如何拓宽眼界，提升境界，逐步构建起一番成就。

眼界宽，就是说一个人观察问题时，要善于从大局着眼，放眼世界，放眼未来，善于审时度势，预见事物发展的方向。因为宽广的眼界必定引来宽广的思路，一个人在思考问题时能打开思维的空间，多角度、全方位审视复杂多变的大千世界，才能做到以远大的抱负和豁达的气量总览全局，从战略的高度议大事、谋大事、抓根本、办大事，懂得抛弃个人恩怨，不计较个人名利得失，以事业为重，不躁、不争、不抢，不去计较浮华之事。这就犹如修路，在方便了他人的同时，也成就了自己。眼界宽，还意味着给予，在给予中使自己变得更加丰富；在设身处地替别人着想的同时，学会不去计较；在顺境时不生贪念，在逆境时不起怨恨之心，无论自己受什么样的冤枉，受什么样的羞辱，受什么样的伤害，若无其事，不追究，不刻薄，在宽厚之中与人为善。因而，眼界宽的人，心胸亦宽，凡事能忍耐。面对别人的批评、误解，不会做过多的争辩和“反击”，而是在忍耐中理智地去谅解，坚信宽容是在荆棘丛中长出来的谷粒，从而后退一步，重获宽广的发展天地。

在这个世界上，我们每个人都得生活、工作，都得接触他人、融入家庭。在居家过日子及烦琐的工作中，难免都会发生或多或少的矛盾，出现这样或那样的失误，在斤斤计较之中彼此水火不容，就很容易引发家庭矛盾和同事争斗，不能原谅自己或他人所出现的差错，就会给自己和他人增加心理上的压力和影响。因此，我们需要开阔眼界，学会宽容待人，懂得凡事包容不计较，心里的坎迈过去了、解决了，不再喋喋不休提及过往的得失，将一味追究所形成的思想包袱扔掉。不信任、耿耿于怀、放不开，限制了自己的思维，也限制了对方的发展，而眼界宽者，则思路宽、胸襟宽，根本不会为一些小事情患得患失。

一个眼界宽广的人，其思想境界也会随之提高，与生俱来有一种不甘落后、奋发进取的精神状态。将斤斤计较的小我抛出局外，凡事会从大趋势和大局的角度来认识局部、认识自我，准确地认识自己的优势和不足，认识自己面临的机遇和挑战，形成奋发进取的做事氛围；遇事会多看、多听、多走，修身养性、品格高尚，大气内敛的风格使自己羞于患得患失，从而使我们在生活、工作中精神舒畅，活得津津有味，处处充满阳光。

一个眼界宽广的人，早已洞悉我们生存的这个世界，就是由各种矛盾组成的，不必羡慕人家，不必苛求自己，用宽容的眼光看世界，使友谊、事业、家庭在稳固之中走得更持久；身在职场，大家都是为了同一个目标走到了一起。与其用愤恨去实现或解决问题，不妨用宽容去化解矛盾，起到化干戈为玉帛的妙用。其在日常生活中也不会过于计较，用宽容的方法正确处理好夫妻、婆媳、邻居、朋友等关系，让自己保持精神舒畅，活得津津有味，处处充满阳光，在给予别人的同时，也使自己变得更加丰富。

一个眼界宽广的人，会将别人斤斤计较的时间，用来不断完善自己，从一言一行之中修炼一颗宽容之心，使自己拥有比海洋还宽阔的胸怀，发自内心地为别人的成功大声喝彩，让友善的微笑，成为人群中一道永恒的亮丽风景线。

做事情别太苛求完美

人如果有了自己的思想，那么无论在做人还是在做事上都会表现出非同一般，更会让别人刮目相看。

人类的天性就是喜欢与开朗乐观的人相处，当人们看着那些忧郁愁闷的人，就如同看一幅糟糕的图画一样。任何时候，一个人都不应该做自己情绪的奴隶，不应该使一切行动都受制于自己的情绪，而应该反过来控制自己的情绪。无论境况怎样糟糕，都应当努力去支配你的环境，把自己从黑暗中拯救出来。当一个人有勇气从黑暗中抬起头来，面向光明大道走去，那他面前便不会再有阴影了。

一个虽身处逆境却依旧能够笑对生活的人，要比一个陷入困境就立即崩溃的人，获益更多。身处逆境而乐观的人，才具有获得成功的潜能，才更容易从众人中脱颖而出。生活中有不少人一旦身处逆境，便立刻会感到沮丧，这些人往往达不到自己的目的。如果一个人在他人面前总是表现出郁闷不乐的状态，就没有人愿意同他待在一起，人们都会避而远之。

思想上的不健康阻碍了人们前进的步伐，沮丧的心情总是会让你怀疑自身的能力。其实，生命中的一切事情，全靠我们的勇气，全靠我们对自己有信心，全靠我们对自己有一个乐观的态度。然而一般人一旦处于逆境，或是碰到沮丧的事情，或是处于充满凶险的境地的时候，他们往往会让恐惧、怀疑、失望的思想来捣乱，使自己丧失意志，以致使自己多年以来的计划毁于一旦。有很多人如同在井底向上爬的青蛙，辛辛苦苦向上爬，一旦失足，就前功尽弃，坠入绝望的井底。

突破困境的方法，首先要清除胸中快乐和成功的仇敌，其次要集中思想，坚定意志。只有运用正确的思想，并抱定坚定的信心，才能战胜一切逆境。

只要一个人的思想成熟，那么他就能摆正自己的心态，就能够很快地把自己从忧愁中解脱出来。但是大多数人的通病却是：不能排除忧愁去接受快乐；不能消除悲观来接受乐观。他们把心灵的大门紧紧地封闭起来，虽然费尽气力在那里苦苦挣扎，最终却没什么成效。

人在忧郁沮丧的时候，最好要尽量设法改变自己的环境。无论发生什么事情，对于使自己痛苦的问题，不要过多思虑，不要让它占据你的心灵，而要尽量去想那些快乐的事情。对待他人，也要表现出最真诚、最亲切的态度，说出最和善、最快乐的话语，要努力以快乐的情绪去感染周围的人。这样做以后，慢慢地，思想上的阴霾必将离你而去，快乐的阳光将会洒满你的一生。

当你的心情非常沮丧的时候，千万不要着手解决重要的问题，也不要对影响自己一生的大事做出任何决断，因为那种恶劣的心情，容易使你的决策造成偏见、陷入歧途。一个在精神上受到了极大的挫折或感到沮丧的人，都需要暂时的安慰，此时，他往往无心思考其他任何问题。

但事实上只要他们愿意努力，是完全可以扭转局面，重新迈向成功的。

在希望彻底破灭、精神极度沮丧的时候，仍然做一个能够善用理智的乐观者，并不是一件容易的事情。然而，也往往就是在这样的时刻和环境下，才能真正地显示出一个人的成熟。

当一个人事业不如意，朋友们都劝他放弃，劝他不要愚蠢地坚持做注定无法成功的事情时，而他仍抱着坚毅的精神努力去工作，只有这样的时刻，才最能显示出他的真实才干来。社会上有许多年轻的作家、艺术家或商人，一旦自己的职业活动遭受到挫折，他们立刻就会放弃自己的职业，转而去做些完全不适合自己天性的职业。到后来，虽然对所选择的新职业也完全丧失了兴趣，他们也只能勉强去做，因为他们怕再跌一跤，而遭人讥笑。

许多涉世不深的年轻人一遇到挫折便思念家乡，随即就抛弃职业，返乡回家，重新恢复自己原本发誓要摆脱的生活状态。他们不知道，只要坚持片刻就可能见到光明，他们的职业也会立告成功。

不管别人是否放弃，自己都要坚持；不管别人是否退却，自己都要向前冲；尽管眼前看不到光明和希望，自己也一定要不懈努力。这种精神，才是一切创造者、发明家和伟大人物能够取得成功的原因所在。

日常生活中，我们常可以听见一些上了年纪的人说这样的话："假使当年我从开始做那件事起，就一直努力不懈，即便遇到挫折，但仍旧照着原来的志向做下去，恐怕今天已经颇有成就了。"很多人都是在壮志未酬和悔恨中度过自己的晚年，这种悔不当初的懊丧感，都是由于年轻时的立志不坚，一受挫折便打退堂鼓的心态所致。

不管前途多么黑暗，心中又是多么愁闷，你都要等待忧郁过去之后，再决定你在重大事件上的决断与做法。对于一些需要解决的重要问题，必须要有最清醒的头脑和最佳的判断力。在悲观的时候，千万不要解决有关自己一生转折的问题，这种重要的问题总要在身心最快乐的时候再作决断。

当你的思维处于极度混乱、精神上深感沮丧时，乃是一个人最危险的时候，因为在这种状态下，由于精神分散，无法集中精力，最容易使一个人做出糊涂的判断、糟糕的计划。如果有什么事情需要计划和决断，一定要等头脑清醒、心神镇静的时候。在恐惧或失望的时候，人很难有精辟的见解和正确的判断力。因为基于健全的思想才会有健全的判断，而健全的思想，又基于清楚的头脑、愉快的心情，因此，忧虑沮丧的时刻，千万不要做出任何决断。

态度上的镇静、精神上的乐观和心智上的理性是消除沮丧、克服忧虑，进行健全思考的前提。所以，一定要等到自己头脑清醒、思想健康的时候再来决定一些重大的事情。

随遇而安，给心灵“松绑”

人生在世，避免不了烦恼。想要避免烦恼，就不去想那烦恼。烦恼其实不是什么大事，很多人尽管烦恼，也懂得一笑而过。有人偏要和自己较劲，越是烦恼越要想，越想就越觉得麻烦，于是，所有的小麻烦就都变成了大烦恼。更可怕的是，当烦恼多了，就会发现它们彼此盘根错节，这时，烦恼就变成了铺天盖地的罗网，让人觉得根本无法逃脱……

时间是一个单向的过程，从昨天通向明天，只在今天稍作停留。它给予我们的只有24个小时，说长不长，说短不短。利用得好，我们可以做很多有意义的事，但如果左顾右盼，一会儿想着昨天哪件事没做好，一会儿想着明天哪件事可能做不好，你还剩多少时间留给自己？

适度的未雨绸缪是好事，但凡事不可过犹不及。困惑是一种毒药，而幸福是一种能力。当一个人生活在幸福之中时，他的内心充满了欢悦，他会用积极向上的态度对待身边的任何事，即使遇到困难，他也不会抱怨。

你有过这样的感受吗？想要的追求不到，追求到的不能完全占有，占有的又害怕失去，失去的又想再次占有。每天的忙碌就是为了自寻烦恼，如同失眠的人，越想睡越睡不着，人生也是一样，你越是刻意地去追求快乐，却发现快乐跑得越远。

只要我们注重事物本身的特点及规律，专心致志地把它做好，就会收到意想不到的效果。如果太注重结果，往往会失败。

心理学上有一种“瓦伦达心态”。瓦伦达是美国一个著名的高空走钢丝表演者，在一次重大的表演中，不幸失足身亡。他的妻子事后说：“我知道这次一定要出事，因为他上场前总是不停地说：‘这次太重要了，不能失败，绝不能失败！’而以前每次成功的表演，他只想着走钢丝这件事本身，而不去管这件事可能带来的一切。”

后来，人们就把专心致志做事本身而不去管这件事的意义，不患得患失的心态，称为“瓦伦达心态”。

美国斯坦福大学的一项研究也表明：人大脑里的某一图像会像实际情况那样刺激人的神经系统。比如，当一个高尔夫球手击球前一再告诉自己“不要把球打进水里”时，他的大脑里往往就会出现“球掉进水里”的情景，而结果往往事与愿违，这时候球大多都会掉进水里。

这项研究从反面证实了“瓦伦达心态”。

有很多人，对人生得失、荣辱沉浮看得太重，因此整天处于高强度的竞争之中，唯恐稍有闪失而影响工作。一旦达不到目的，就暴跳如雷，怨天尤人，消极悲观而又愤愤不平。其实想一想，这些和生命比起来又算得了什么。

专心做事，功到自然成。对于结果，没必要太执着，如此反而容易如愿。

没有任何人可以每分每秒都处于顺境之中，面对生活的逆境时，当自己表现得不那么完美，相信自己是使一切事情变好的唯一前提。任何时候，我们都要喜欢、尊重、欣赏和相信自己，这不但能使我们具备健康成熟的个性，也能增强我们与他人相处的能力。

从某种意义上说，喜欢自己和喜欢别人同等重要。如果一个人憎恨每件事或每个人，那么，他们一定是沮丧的和自我厌恶的。喜欢自己，相信自己，是一个人自信地生活于世的基础。

有时候该将就，就不要费力过分讲究完美，否则，费力不讨好，累得半死还是不完美。

过分追求完美，紧迫一个小问题去解决，浪费时间，到最后往往把重要的事情耽搁了。追求完美的同时，要看条件是否具备，若条件具备，当然尽力做完美。若不具备，就要另起炉灶，不必费力了。

生活中，过于追求完美，不仅会延误事情，还会把自己搞得筋疲力尽。

别让妒忌在你心里生根

妒忌是一种心理缺陷。当看到别人比自己强，或在某些方面超过自己时，心里就酸溜溜的，不是滋味，于是就产生了一种包含着憎恶与羡慕、愤怒与怨恨、猜疑与失望、屈辱与虚荣以及伤心与悲痛的复杂情感，这种情感就是妒忌。

妒忌通常只能让人徒增烦恼而已。事实上，往往你的妒忌心理越重，你身上的负担也就越重，你的心灵也就越不会得到快乐。

老师决定让她班级的孩子们做一个游戏。她告诉孩子们每个人从家里带来一个口袋，里面可以装上土豆，每一个土豆上都写上自己最讨厌的人的名字。

第二天，每个孩子都带来了一些土豆，有的是两个，有的是三个，最多的是五个。然后，老师告诉孩子们，无论到什么地方都要随身带着这个装土豆的袋子。

随着时间的过去，孩子们开始抱怨了，袋子中土豆太重，使他们活动受限，特别是那个装了五个土豆的孩子。

老师问他们："你们对自己随身带着的土豆有什么感觉？"孩子们纷纷表示，太不方便了。

这时，老师笑呵呵地告诉他们做这个游戏的意义，她说："在我们的生活中，你妒忌的人越多，你身上的负担就越重，心灵就越不容易得到快乐。”

可见，人一定要有一颗平静的心，切不可心怀妒忌。妒忌是毒药，它不仅使人疯狂，更易让人丧失理智。但在日常生活中，妒忌的存在却是很普遍的。

妒忌者不能容忍别人超过自己，害怕别人得到他所无法得到的名誉、地位或其他一切他认为很好的东西。在他看来，自己办不到的事别人也不要办成，自己得不到的东西别人也不要得到。显然，这是一种病态的心理。

要心胸开阔，放开眼界。要知道，人外有人，山外有山，比你强的人有很多很多。

中　篇

拿得起放得下

第七章

拿起该得到的，把握幸福，珍视当下

活在当下，美好不一定在远方

天有不测风云，人有旦夕祸福，人生很难有完美的旅程。一个乐观聪明的人懂得去寻找快乐，并放大快乐来驱散愁云。快乐的人遇上高兴的事，会迅速传达给亲人和朋友，在分享中让快乐的情绪感染更多的人。他不会为自己和家人设置心灵障碍，不会让琐碎的小事杂陈心头。

生活中总有不如意的时候，人要学会寻求快乐，适当地激励自己，调整心境。其实快乐无处不在，生活中时时充满快乐：买到自己喜欢的漂亮衣服；吃到自己想吃的美味食物；想睡的时候，睡一大觉；想玩的时候，尽情去玩；有自己喜欢的宠物；有无话不谈的知己……只要有其中之一，能够随心所欲，就可以算有快乐的理由了。

在生活里，有许多东西是人无法改变的，或者说，与其你要改变生活里别的东西，不如改变自己。事实证明，名利思想过重的人，容易患病、衰老和早亡，这类人整日心事重重，愁眉苦脸，几乎没有笑容。名与利本身不是坏事，它可以促使人奋发向上，问题就在于以何种思想来指导名利观。当你从事某项工作获得成功时，如果首先就想到名和利却又得不到满足时，心理就会失去平衡，产生消极、悲观、愤怒的情绪。

快乐的人并一定有很多钱，但有的是闲暇、闲情；也许你没有闲暇、闲情，但有的是力量，有充沛的精力与体力，有健康的身体和有价值的生命，有心智来创造愉悦和激情。快乐的人，首先要做的，就是做自己最喜欢做的事。

幸福是一种心理感受，与年龄、性别和家庭背景无关，而是来自轻松的心情和积极的生活态度。以下就来介绍一些可以让你快乐的方法。

建立自信心。生活中，得与失时常发生，并直接影响到我们的心境。所以，建立起自信心是十分必要的。那么，怎样才能建立起自信呢？我们要相信自己，要坚信自己能够成功，每时每刻都保持一种向上的最佳精神状态。

正确认识人生和世界。视野广阔、胸襟开朗和有见地是生活快乐、充实、懂得珍惜和享受人生的基础，尽管有时因生理的节奏或天气、健康的影响而导致出现短暂的情绪低落，也会很快恢复过来。

把自己融入团体之中。人在无聊寂寞的时候，容易胡思乱想、情绪低落。在工作、学习和家庭生活之外，把自己融入团体之中过群体生活，不仅可以学会与别人相处，还可以让自己更快乐。

培养兴趣。人生多姿多彩，如果我们能够在生活中寻找到并热衷于培养兴趣爱好，那么，不仅个人生活更加丰富，而且会越来越觉得每一天都过得很有意义。

不抱怨生活。快乐的人并不比其他人拥有更多的快乐，而是他们对待生活和困难的态度不同，他们从来不会在“生活为什么对我如此不公平”的问题上做过多的纠缠，而是努力去想解决问题的方法。

不贪图安逸。快乐的人总是离开让自己感到安逸的生活环境，快乐有时是在付出了艰苦的代价之后才会积累出的感觉，从来不求改变的人自然缺乏丰富的生活经验，也就很难感受到快乐。

感受友情。友谊是人类文明的象征之一。一个人的生存，如果没有朋友的友谊，就会感到孤独寂寞。人的生存，应该有朋友和友谊。对待朋友，应本着尊重、友爱、信任、互助的态度，努力使友谊纯洁闪光，切不可有私心杂念。遇到不愉快的事情或矛盾时，多与朋友交流，商讨解决问题的办法。空闲之时，也可与朋友做一些有意义的活动，充实生活。

勤奋工作。专注于某一项活动能够刺激人体内特有的一种荷尔蒙的分泌，它能让人处于一种愉悦的状态。工作能激发人的潜能，让人感到被赋予责任，让人有充实感。

生活的理想。快乐幸福的人总是不断地为自己树立一些目标。通常我们会重视短期目标而轻视长期目标，而长期目标的实现更能给我们带来幸福的感受，你可以把目标写下来，让自己清楚地知道为什么而努力。

心怀感激。人的生存不是孤立的，而是相互依赖的。在人群中，每个人的思想、性格、品质不尽相同，所表现的言行也各异。抱怨的人把精力全集中在对生活的不满上，而快乐的人则把注意力集中在能令他们开心的事情上，所以，他们更多地感受到生命中美好的一面，由于对生活充满感激，所以他们更感到快乐幸福。

成功不是等待，现在就付诸行动

务实，从狭义上讲即脚踏实地，实实在在地、扎扎实实地干，不空谈，不虚夸。一分耕耘一分收获，若不是一步一个脚印得来的成功，那么这份成功将是空洞无物的，甚至会诱惑一个人走向人生的万丈深崖。

中国传统文化注重现实、崇尚实干精神的体现。它排斥虚妄，拒绝空想，鄙视华而不实，追求充实而有活力的人生，创造了中国古代社会灿烂的文明。务实精神作为传统美德，仍在我们当代生活中熠熠生辉。

一部热播的电视剧中，有一个来自农村的小伙子，他的家境贫困，但他心气很高，发奋图强考上了大学。来到大城市后，他为了获得出国的机会，每天都在努力啃书，只想获得成绩第一，这也是他唯一一个不比城市学生差的方面。但是每次出国的机会都被“富家子弟”所获得，他内心深感不平，于是动了歪念头，为了出国，他背着女朋友去勾引系主任的女儿，以求可以得到庇护；为了筹钱，他不愿选择去踏实地挣钱，因为攒钱太慢了，而是选择去代考，最后被学校取消学籍……这个穷大学生，有远大的梦想，渴望成功，这没有错。错就错在有了成功的愿望后，还一定要有务实的态度，妄想一步登天，那结果只能是粉身碎骨。

每个获得成功的人，没有一个不是在务实中，一点一滴，去完成一个小目标，然后积累成大成就的。工作中，不论遇到了多揪心的挫折，都要坚持务实的态度，从现在做起，兢兢业业，开拓创新，扎扎实实做好本职工作，在平凡的工作中保持务实的激情，才能帮助我们释放出无穷的热情、智慧和精力，进而帮助我们获得财富与事业上的巨大成就，从而实现理想，创造辉煌人生。

务实的精神，会使一个人无论身处什么样的环境，无论在什么时候，都不为自己的希望寻找任何逃避的借口，对眼前的事务尽职尽责，勇往直前，注重细节，懂得工作中没有小事。点石成金，滴水成河，只有认真对待自己所做的一切事情，才能克服万难。因此，不仅要认真地对待工作，将小事做细，并且能在做细的过程中找到机会，从而使自己走上成功之路。

一个有务实精神的人，绝不轻言放弃，即使在一片懊悔或叹息、宽容或指责的氛围中也会坚持。在行动之中不畏惧贫穷和困苦，努力发掘出自身的强项，常常将工作中不可预知的非常的事故和风险，压在自己身上，隐伏在他生命最深处的种种能力，突然涌现出来，激发自身巨大的潜能；对工作中哪怕是看起来微不足道的事情，也绝不敷衍了事。因为他深信，务实不仅仅是事业成功的保障，更是实现人生价值的手段，世界上绝对没有不劳而获的事情，任何人的成功无一不是按部就班、脚踏实地努力的结果。任何大事的成功，都是从小事一点一滴累积而来的。没有做不到的事，只有不肯做的人。

务实像是一滴水，向前跑，不一定会汇入大海，但至少会融入小河或潭水中；务实像阳光，一丝阳光也许不能催生一个成熟的果实，但积累了能量；务实像雨水，对干涸土地也许起不了巨大的影响，但只要敢于尝试，脚踏实地走好脚下的每一步，就能滋润土地。

一个人拥有务实的精神，必定会浇灌希望的热忱，再加上坚忍不拔的务实作风，主动去做应该做的事情，绝不空想，就会产生创造力，点燃希望之火，实现人生理想。

珍惜“此刻”，才能把握未来

智者与愚者最关键的区别就在于：愚者争虚名，沉溺于往事，输掉今天，更输掉未来；智者务其实，珍惜当今，着眼于未来。

过去有我们追梦时一路辛苦播撒的汗水，有我们偶遇的心爱珍品，过去的许多经历，也的确值得我们回味、记录，弃之当然会有割断依依情丝的疼痛，但智者懂得，没有挥剑斩除的勇气告别这些剜肉之疼，总是徘徊在昨日与明朝的惆怅之中，让前进的步伐因过去的行囊而蹒跚，让脆弱、敏感，甚至逃避的情绪相伴随，最终只能使悔恨的泪水空对一事无成，让青丝转眼成白发。

智者之所以会在人生这辆快车上，在一站站聚合离别的或喜或悲之中，成熟地选择舍掉过去负荷，义无反顾地坚实脚步，因而总能构筑出更加美好的未来。

我们身边，有很多人因为见识不高或信息不通等原因，看人生、看事物，往往只看当下，缺乏远见，为了眼前的蝇头小利，不惜牺牲未来的宏远前景。而真正的智者，则登高望远，把目光瞄准未来。正是他们预先看到了未来的远景，才能正确地看待眼下的平淡无奇，咬定心中的那个目标，坚持不懈地前行，把路上的种种遭遇当成风景，把低谷时的种种历练当成乐趣。即使路途坎坷也不贪走便道，即使付出多于收获，也不觉得吃亏。他们用自己的远见将自己摆渡到未来的成功彼岸。

智者在厚重的人生体验之中懂得满脸微笑地迎向更加明媚的未来，因为生命本来就是一个体验的过程，得与失不过是处在永恒的变化中，昨天得不到，不代表今天不会拥有；而今天所拥有的，不代表明天还依旧，但世间的机会是公平的，需要我们积极主动地踏前一步：割舍自己的过去，珍惜自己当下所拥有的，割舍过去着眼未来，则看到的都是未知与希望，促使自己专心致力于既定的目标前行，风雨无阻，大步向前，努力为将来创造一笔不可估量的财富。

痴迷于钢琴演奏的杰森，以三分之差被阻隔在音乐学院之外。他认为是考官不公、录取存在猫腻，他为这些纠结痛苦不堪，甚至一度产生轻生的念头。

父亲告诉他，一场考试决定不了人生成败，许多考试还在未来等着你！父亲的话将杰森一步步引领出考试失利的阴霾，着眼于当下的生活和出路。

10年后，杰森作为一位成功的企业家。有一天，他陪着父亲去一家昂贵的餐厅用餐。餐厅里有一位钢琴演奏者，正在为大家演奏。杰森在聆听欣赏之余，想起当年自己迷恋钢琴的梦想，而且几乎为之疯狂的地步，便对父亲说；“如果我能被音乐学院录取的话，现在也许就会在这儿演奏了。”

“是呀，杰森，我的儿子。”父亲回答，“不过那样的话，你现在就不会坐在这儿用餐了。”

我们常常会像杰森一样，为失去的机会而叹惜，却往往忘了感恩和珍惜现在所拥有的东西，反而去追求一些不切实际的东西，直到把拥有的也失去了，方才后悔莫及。好在杰森有一个智慧的父亲，时刻提醒他应该着眼于未来，才让他拥有成功的现在和将来。

智者深知，时空不会倒转，光阴逝去不会重来，不幸、得失，已经过去，就不用再执着，就让它慢慢过去，只有挥别过去，珍惜现在，笑着迎接未来，感受当下点滴的快乐，才会幸福而充实地去经营出一片明朗的天地。灿烂的明天，美好的未来，正在向自己招手。

智者懂得人生最可珍贵的，不是得不到和已失去，而是现在所拥有的，只有告别过去，不再为过去迷茫、懊悔，珍惜眼前所有，着眼于未来，在一天天沉稳的构建中，点点滴滴成就自己辉煌的将来。

智者不会在昨天的烦恼之中哭泣，而是调整好自己的心态告别过去，接受现实，怀揣一颗进取之心，将远大的人生目标与工作实践相结合，脚踏实地，一步一个脚印，走出属于自己的一片美好未来！

想到就去做，别让梦想在等待中搁浅

犹豫，就是迟迟疑疑，拿不定主意，遇事没有主张、主见。与之相反的，则是果断，也就是当机立断，毫不犹豫地做出行为决策的能力，也是指一个人意志的果断性，它反映了一个人意识行为价值的效能性。其效能性越高，人的行为方案编制速度、决策速度和激发速度就越高，就能在紧急状态下迅速做出有效的行为反应。因此，果断意识，是指一个人能够迅速而合理地决断，及时采取决定并执行决定。具有果断性品质的人，能够敏捷地思考行动的动机、目的、方法和步骤，清醒地估计可能出现的结果。

事业上成功者与失败者最大的区别就在于，当机会来临之时，一个人是否能放下犹豫，迅速、敏锐、合理地决断，敏捷地思考行动的动机、目的、方法和步骤，清醒地估计可能出现的结果，积极主动地果断做出决定，并坚定不移地将之付诸实践。因为犹豫的人很难成功，他们总是前怕狼后怕虎而原地踏步不敢前进，甚至后退！

拿破仑·希尔25岁那年，接到一个采访钢铁大王卡内基的任务。

采访中卡内基问他："你是否愿意接受一份没有报酬的工作，用20年的时间来研究世界上的成功人士？"

拿破仑·希尔愣住了。不过，他马上意识到这是一项极具挑战的工作。"我愿意！"没有犹豫，他响亮地给出了答案。卡内基也怔了，不确定地看着他。"愿意！"拿破仑·希尔再次回答。卡内基露出了满意的笑容，一抬手，露出了紧握在手中的手表，“如果你的回答时间在60秒之外，将得不到这次机会。我已经考察近两百个年轻人，但是没有一个人能这么快给出答案。这说明你不像他们一样犹豫不决！我认可你的果断。”

后来，卡内基带拿破仑·希尔采访了当时最著名的发明家爱迪生，又通过卡内基的联系与帮助，他结识了政界、工商界、科学界、金融界等卓有成绩的近500位成功者。在研究和思考他们成功经验的基础上进行比对与研究，终于找到了人们梦寐以求的人生真谛——如何才能成功。之后，他根据自己的研究写了一本《成功规律》，为年轻人指点迷津，而他不仅成为美国社会享有盛誉的学者、激励演讲家、教育家、百万美元收入的长期的畅销书作家，而且成为两届美国总统——伍德罗·威尔逊和富兰克林·罗斯福的顾问。

面对纷至沓来的荣誉，拿破仑·希尔说：“放下犹豫，果断行动是成功的救命稻草。”

拿破仑·希尔的成功，就在于他在机遇来临之时，毅然决然地放弃了徘徊观望的犹豫，在工作中培养出深思熟虑的果断品质与敏捷思维，准确捕捉到稍纵即逝的机遇，冲破懦弱的掌控，并积极主动地行动，坚持自强不息的奋斗，迎难而上，赢得别有洞天的广阔天地。

我们只有放下心中的顾虑，才会结束漫无目的的徘徊、不切实际的权衡，明确自己的目标是成功的开端，继而让行动过程一定要沿着既定的方向不断向前。充分利用一切信息，通过察访、读书等各种获取信息的途径来核实信息的真实度。自己一旦具备了一定丰厚的真实资料，也就能轻而易举地做出明智的决定，并能坚定不移地直达自己的人生目标。

心存犹豫，无法做决定的人，饱受着心理压力和失败顾虑的折磨，习惯将微不足道的因素当成重要事情来考虑，终使自己一事无成；而综观各行各业的领头羊，基本上都是由善于做决定的人在担当。其实，做决定并没有什么特别的地方，甚至可以说是很简单的。任何领域有建树的人，无论是企业家、军官、医护人员、政治家还是艺术家，他们在做决定的时候，都采用了一套简单的方法，那就是放下心中的顾虑，果断行动。

既然生活在继续，我们就不要让自己堵在某个人、某件事、某一个路口，而永远不知道海阔天空的世界，就一直在自己身边，堵在心头的某一事，只是浮在面上的一个水泡，只要我们能放下心中的顾虑，就能轻装上路，去经历真正的大海，收获丰盛的人生。

随心而动，别为难自己

人生的得与失，成与败，繁华与落寞不过是过眼烟云。而永远陪伴我们一生，如影随形、不离不弃的只有心情；如同呼吸，伴你一生的心情是你唯一不能被剥夺的财富。有句话说得好：“人，活一辈子不容易，忧伤是活，开心也是活，既然都是活，为什么不开开心心地生活呢？”是啊，为什么要让自己幽怨、颓废、痛苦一生，而辜负这大好年华呢？能伴随我们一生的是自己的心情。所以，拥有好心情便是人生最大的乐事、最幸福的事。

当你拥有一份好心情时，看天是蓝的，云是白的，山是青的，人是善良的，世界是绚丽多彩的；拥有一份好心情，唱唱快乐的歌，跳跳动感的舞，身体充满无限的激情；拥有一份好心情，有实现自己伟大事业自信的力量源泉；拥有一份好心情，能化干戈为玉帛，化疾病为健康；拥有一份好心情，任何年龄的容颜，都会被好心情照亮，美丽动人、魅力无穷；拥有一份好心情，能帮你获得学识，结交良师益友，把握机遇，缔造和谐，成就事业……

要想拥有一份好心情，必须心胸开阔，宽以待人。“开心常见胆，破腹任人钻，腹中天地宽，常有渡人船。”一个人有了如此宽广、豁达的心境，遇事就能“拿得起，放得下”，就能驱散忧虑、恐惧、烦恼、苦闷等萦绕心头的乌云，没有什么“想不开”的事，精神自然会轻松、愉快，心境自然会美好、宽广，就能大度处世，平和待人，营造融洽和谐的人际关系。

如果你渴望拥有健康和美丽，如果你想珍惜生命中每一寸光阴，如果你愿意为这个世界增添欢乐与晴朗，如果你即使跌倒也要面向太阳，就请锻造心情，让我们沉稳、宁静、广博、透明的心，覆盖生命的每一个黎明和夜晚。是的，上苍给予我们同样的生命，我们却选择了不同的生活方式。我们可能活得不高贵，但我们完全可以活得高尚；我们可能无法逃避厄运或人生包含的棘手的问题，但我们可以从容豁达。

心情，是一种感情状态，是一个人对外界各种因素作用于内心的一种感知、感觉和感叹。人只要活着，这种状态就不会消失。心情的历练，是一种自我的超越；心情的锻造，是一种完美的追求。让好心情相伴一生，这才是人生最大的财富。

拥有了好心情，也就拥有了自信，继而拥有了年轻和健康，就会对未来生活充满向往，充满期待。让我们拥有一份好心情吧，因为生活着就是幸运和快乐。给自己一份好心情，让世界对你微笑；给别人一份好心情，让生活对我们微笑。

好心情不是先天的造就，也不是上苍的赐予，它由人格、品德、教养、才能综合指数酿造，它由渐悟到顿悟，由领悟到觉悟，它是修炼成正果。母育的是身躯，修炼的是心情。心情也需要不断呵护、调理、滋润、丰盈。

不在活得长久，而在活得富有，富有是开心，开心就是福，让好心情与我们时时相伴。

第八章

拿起该得到的，肯定自己，拥抱阳光

你的能量超乎你的想象

自我设限，就是一个人在自己的心里，对自己的能力默认了一个“高度”，并常常在自己设限的范围内暗示自己：这么困难，我不可能做到；想要达到这个目标是不可能的！因此，自我设限，往往是一个人无法取得成就的重要原因之一。它就像一块巨石，在一个人及事业成长道路上，阻碍着前进的脚步。

一个人有多大的野心，就会激发多大的潜能，成就多大的梦想。有太多的人不知道自己到底能实现多大的成功，所以为了稳当起见，从不敢确定更远、更大的目标，从而影响了自己的人生高度。

曾有科学家拿小跳蚤做过这样的试验。

一位科学家把一只小跳蚤放在桌上，只要一拍桌子，跳蚤立即会以其身高的100倍的高度跳起来，堪称世界上跳得最高的动物！然而，当科学家在跳蚤头上罩一个玻璃罩，再让它跳时，当跳蚤碰到了玻璃罩连续多次后，就改变了起跳高度以适应环境，每次跳跃总保持在罩顶以下的高度。科学家接下来逐渐调整玻璃罩的高度，跳蚤都在碰壁后被动改变自己的高度。最后，当玻璃罩接近桌面时，跳蚤已无法再跳跃了。科学家于是把玻璃罩打开，再拍桌子，跳蚤仍然不会跳。

跳蚤变成“爬蚤”这一个过程，就是心理“自我设限”。这种事先设计障碍的一种防卫行为，就像自己为自己挖了一个陷阱，这种行为虽然可以防止自身能力不足带来的挫败感、暂时维护自我价值感，却剥夺了自己的成功机会。

生活和工作中，我们常会陷于自我设限的境地：放弃奔跑吧，我都这么大年龄了，不会跑那么远的；放弃这次应聘吧，我学历那么低，这家公司不会聘用我的；算了吧，我又矮又胖的，那么帅气的小伙子怎么会看上我……正是这种种人为的自我设限，往往导致我们拖着沉重的枷锁生活，每天都在扼杀自己的潜力和欲望，身体内无穷的潜能和欲望都没有发挥出来，使自己流入平庸之辈！

人为的自我心理设限，往往使自己表现得像个懦夫。在每开始做一件事情之前，总是犹豫不决："我从没干过，恐怕不行""我性格内向、害怕与人交往""我表达能力不行，普通话很差，这种交际场面不适合出现"等种种畏缩的想法，牢牢控制着自身的行为，在执行工作中，总会感到力不从心。还往往使我们在还没行动之前，就易被消极、不思进取的情绪时时刻刻束缚着，习惯地给自身设个藩篱，使自己陷入一个个恶性循环当中，甘于碌碌无为而难以在短暂的时期之内，取得突飞猛进的成就。

工作中，我们每个人，都害怕表现失常，从而导致惨败，使周围的人对自己的能力产生怀疑，在自尊和自信受到严重打击时，更是因害怕失败，总是不敢声张自己良好的愿望，将自己的潜能扼杀在"摇篮"中，一辈子都没有爆发出来。

不要给自身的目标、能力设限，许多事情经过自己的努力打破原来的界限，适度提高原来的目标，当自己的自信心达到一定的高度时，有欲望就会集中精力去做，将每件事情都发挥到极致，让一个个小成功累积起来，不断激励自己，不用害怕失败在自己的目标之下，大声告诉自己是最棒的，努力去挖掘潜藏在自己体内、思想内的宝藏，成功迟早属于自信的人。

自信让你的内心更强大

拿破仑·希尔说：自信，是人类运用和驾驭宇宙无穷大智的唯一管道，是所有“奇迹”的根基，是所有科学法则无法分析的玄妙神迹的发源。萧伯纳也说过：自信是力量的源泉，它可以化渺小为伟大，化平庸为神奇。

没有自信的人，往往认为自己技不如人，甚至低人一等。于是，他们工作的时候习惯低着头，有好的意见也不敢表达，导致失去了展现自己才华的机会；朋友聚会的时候，他们只知道羡慕别人侃侃而谈，自己却总是沉默。久而久之，缺乏自信的人就会越来越轻视自己，渐渐成为圈子里的隐形人，被大家所忽视。

如果自己都轻视自己，那还有谁会重视你？就连生活本身都会因为你的自卑而黯淡无光。唯有自信，我们才能发现自身的美好。而且，我们很多人远比想象中强大。相信自己的能力，就能真切感受到生命的脉动，甚至获得成功。卡耐基就说过：“我们都有一些自己并不晓得的能力，能做到连自己做梦都想不到会做成的事。”

心理学上著名的“罗森塔尔效应”，即“期望效应”，它清楚而有力地向世人证明了一个道理：人们总是倾向于轻视自己的能力，忘记自己其实可以很强大。如果受到积极的心理暗示，并由此建立起强大自信，人的潜能将会得到极大释放，创造出截然不同的成绩。

自信心就是具有这种神奇的魔力。它的影响力如此巨大，以至于失去它，我们会渐渐迷失自己，最终无法真正享受生活；而正确拥有它，我们的人生就可能完全不同。当一个人足够自信时，面对外界，他才可以做到“不以物喜，不以己悲”。自信的人不会羡慕别人，不会抱怨命运的不公，而是坚信自己足以收获幸福。

但是，自信不等于自负。自信要建立在对自我的正确评价上。同时，我们必须好好利用它，在相信自己的同时，更要付出相应的努力，才能开发自己的潜力。

自信的心态所产生的力量，不仅能够潜移默化地改变自己，而且能改变自己周围的人，甚至是整个世界。世界是因有我们的自信而创造、而改变，倘若自己不存在，世界的所谓博大也就毫无意义。大凡成就伟业的人士，总是具备坚定的自信精神，才会对自己所从事的事业深信不疑，甘愿付出自己全部的精力，投入到工作中，也只有具备这样精神的人，才能到达成功的彼岸。

一个内心自信的人，在通往成功的路途中，就算是遇到了困难和挫折，也会令自己决不放弃，不屈不挠，直到所有艰难险阻都被自己踏在脚下，让成功的光芒将自己的前程照亮。

一个内心自信的人，即使遭受种种挫折，身陷困境，但依然会抬起头走路，依然会看到一片更广阔的天空，在人生之旅，永远做一个不依不靠、独立自主、志气恢宏的自己。

一个人内心散发出的自信，是力量的源泉，它会使自己呈现给周围人的笑容，总是那么灿烂，声音总是那么甜美，祝福总是那么真诚。它会赋予每一个人独立思考的能力，会赋予每个人忍辱负重的耐力，能令人在山崩地裂的纷繁世界，天马行空，自由驰骋，游刃有余，以自己的智慧判断出自己所需要的东西，树立正确的理想并且为之奋斗，从而会使自己准确定位自己，立稳自己的脚跟，做到目标清晰而不盲从，遇到挫折而不退缩，坚信自己虽然只是芸芸众生中的一粒平凡的沙子，但只要有成为珍珠的信念，就能成长为一颗光彩夺目的珍珠。

一个内心自信的人，心里滋生的力量总会支撑自己看到前进路上的灯塔，它就像是我们智慧的导航，能使我们放下自卑的枷锁，从而令自己魅力四射；它能使一个人有足够的勇气克服阻碍，克服卑怯，学会虚心讨教，诚恳学习，扬长补短，可以说只要有自信的力量相伴左右，我们就可以闯出一片属于自己的天地，凭借自身的力量，去实现自己的人生理想，成全自己想要的生活。

一个充满自信的人，本身就像一个充满能量的巨大磁场，焕发出巨大的凝聚力，能散发出强大的感召力，能爆发出强烈的战斗力，能累积形成社会伟大的公信力。它就像一座有特异功能的桥梁，带领人走向成功。可以说，自信能使一个人的力量照耀到哪里，哪里就豁然开朗；自信的心态能使一个人产生的力量，引领到哪里，哪里就春回大地。

成为自己的美丽偶像

一个行动自信的人，其轻快的步履、坚定的目光、目视前方的从容不迫，处处成为吸引人的焦点，令人一看就知道他是一个有能力之人，一个优秀之人，从而令他拥有更多的成功机会。因而，自信是一个人成功路上的奠基石。它对每个人的成功，都有着不可忽视的作用，包括对人际关系、事业选择、幸福快乐、宁静心境和自己最终会取得多大的成功，都有着深远的影响。

自信者确信自己有能力去应对任何棘手的问题，而不会被挫折击倒，从而确实摘取了成功的桂冠，一如美国作家爱默生所说：“自信是成功的第一秘诀。”

一个在工作中表现自信的人，不会拒绝别人的提醒和建议，不会因别人提出了尖锐的意见就恼火、就沮丧，而会以一种感恩的心情去接受，去学习，从而提高自己的技能。他绝不会觉得是领导跟自己过不去，而将一项艰难的事务派给了自己，而是以一种兴奋的心情去接受一项新任务。一旦出错或遇到问题，总会千方百计总结经验并尝试不同的方法，以海纳百川的度量，或是以改过自新的勇气，不断完善自己，坚信自己最后能够战胜困难，最终赢得成功。一个人要想得到成功之神的眷顾，首先就得向世界展现自己势在必得的自信。成功始于自信，自信方能成功。

其实，每个人在不同的时期，不同的场面，或是不同的人物面前，都会自觉或不自觉地产生不同的自卑心理，有的人因用过高的标准作为自己的目标，结果使自己永远处于达不到要求的失败地位，导致自卑感的产生；有的人很在意别人对自己的评价和看法，对于别人的贬低往往产生自卑的心理；有的人错误地把别人对自己的夸奖当作讥讽，使他们感受到的信息就带有自我否定的倾向性，他们会越发地感到卑微、低下；有的人对于家庭或自己的经济收入以及地位感到不满，对于物质生活和精神生活的攀比心理也会产生自卑的心理；有的人由于身体的缺陷不能像正常人那样生活也会产生自卑的心理等，因此，越是完美主义者，越容易陷于自卑心理。

一个自卑的人，常因过低评估自己的能力，总是拿别人的长处与自己的缺点对比，要么使自己陷于事事不如人的悲观丧气之中，要么使自己陷于妒忌之火中不能自拔，这些都是人际交往中最大的绊脚石。

自卑的人，易缺乏安全感，处事小心翼翼、犹犹豫豫，意志薄弱，遇到困难轻易就打退堂鼓，缺少面对困难的勇气，在挫折面前畏缩不前，情绪低沉，常会因怕对方瞧不起自己而不愿与人来往、交流和沟通，害怕做错事而不敢主动担当，因而易在工作中、人际交往中因困惑而陷入死胡同，将自己阻拦在成功的门槛外止步不前。

1951年，英国女科学弗兰克林从自己拍摄的X射线衍射照片上发现了DNA（脱氧核糖核酸）的螺旋结构。随后，她以此为题作了一次很出色的演讲。

然而，由于弗兰克林生性自卑，总是怀疑自己的发现、假说是错误的，从而放弃了这一发现、这一假说，在以后的日常工作中很少再提及。

沃森和克里克两位科学家，在1953年也从照片上发现了DNA的分子结构，他们立即兴致勃勃地向世人发布了DNA双螺旋结构的假说，从而标志着生物时代的到来，二人因此而获得了1962年度诺贝尔医学奖。

人们这才如梦初醒，为弗兰克林因自卑而放弃这一学说而惋惜！

是啊，弗兰克林如果不是被自卑绊住了脚，她坚信自己的发现，坚持自己的假说，进一步进行深入研究，这个伟大的发现肯定会以弗兰克林的名字载入史册。

弗兰克林比沃森和克里克两位科学家，早两年就发现了DNA的螺旋结构，因自卑使她放弃了自己的发现，从而失去了这个伟大、载入史册的机会。

自卑是一个人自尊、自爱、自励、自信、自强的对立面，它是我们冲出逆境的绊脚石，是自己为自己设置的障碍，只有跨越这道门槛，自卑者才能集中精力和斗志去从事自己的事业，开始一种新的生活。强者之所以成为强者，是因为强者善于战胜自己的软弱。伟人之所以伟大在于他们始终保持着一种积极乐观的心态，比普通人更自信。

一个性格自卑的人，生性懦弱、内向、意志薄弱。对于身边人的误解与无端责难，总是习惯妥协、沉默忍受，不喜欢表露自己，在生活或工作中，有意无意地，总会一味轻视自己，总感到自己这也不行那也不行，什么也比不上别人。造成对什么也不感兴趣，对新鲜事物不敢尝试，让无端的忧郁、烦恼、焦虑纷至沓来，从而对工作心灰意冷，失去了奋斗拼搏、锐意进取的勇气。遇到困难或挫折，更是长吁短叹，怨天尤人，抱怨生活给予自己太多的坎坷。

一个人若被自卑的心理所控制，其精神生活将会受到严重的束缚，潜藏的聪明才智和创造力，也会因此受到影响而无法正常发挥作用。即使自己很有才能、天赋、智慧，内心却是灰暗而脆弱的，易使自己陷入自惭形秽之中，从而丧失信心，进而悲观失望，不思进取。

自卑心理是束缚创造力的一条绳索，是我们人生前进路上最大的绊脚石，它会令我们很难有所作为，我们只有搬走它，克服它，才会朝着成功的目标重新扬帆起航。

不用解释，用胜利证明一切

生活中，我们与其抱怨这抱怨那，不如打起精神努力前行，将愤愤不平、阻碍成功步伐的沮丧，变成心平气和、勇敢地面对，在豁达之中，让自己的命运在拐弯处，遇到一片碧空蓝天。

抱怨的情绪，无非是在白白浪费光阴，而努力打拼则会将生活中的琐碎烦恼，在忙碌充实的脚步之中抛向九霄；将阻碍自己前进的绊脚石踢得远远的。因为成功不会辜负一个善于付出的人；前方的路，永远向抱怨者关闭，而向奋斗者敞开。

海底有一粒沙子，总是哀叹自己实在太平凡了，常常幻想能够出人头地。有一天，它遇到了一颗璀璨的珍珠，立刻被珍珠那闪耀的光芒和美丽所折服，羡慕不已。珍珠告诉沙子原本它们是同伴，只因它钻到了蚌壳里很长时间，才磨成珍珠。于是，这颗沙子迫不及待地寻找到个蚌，钻到了它的壳中，开始了美丽的梦幻之旅。不料，没过多长时间，这颗沙子就对这种无聊的日子厌倦了，并且在蚌壳里被挤压、被摩擦，接踵而来的痛苦不断折磨着它，终有一日，沙子忍不住了，一边痛骂珍珠欺骗了它，一边愤愤地离开了蚌壳。最终，这颗沙子没有变成珍珠，依旧是一粒随处可遇、随时都在抱怨情绪中度过的平庸沙子。

我们每个人，都平凡得如同一颗沙子，心里有梦，却都害怕失败，都会在失败面前，情不自禁、心情沮丧地去抱怨命运不公，去抱怨机遇不好。其实，换一种心态想想：失败乃成功之母，失败的经验和教训，都是为我们下一刻的成功在做准备，就看自己是否愿意继续努力了。

“天将降大任于斯人也，必先苦其心志，劳其筋骨，饿其体肤，空乏其身，行拂乱其所为……”我们成长的历程，如同一次次的赛跑，我们不断抵达了一个又一个终点，又不断踏上一个又一个起点，生活的道路上尽管会布满荆棘，但不管是面对困难还是遭遇失败，我们都要学会无怨无悔地从跌倒的地方再站起来，继续前行。决不做半途而废的沙子，而选择做一颗持之以恒、磨炼不息的珍珠。

我们喋喋不休地抱怨世道不公，为什么自己不多做出努力呢？明知道天上从不会掉馅饼，不撒播种子的土地从来不会发芽。我们自身为什么不多些奋发努力？只要在追求中，坚信自己是一块金子，只有通过坚持不懈地擦拭和挖掘，学会面对困难，应对困难，解决困难，沉着应对生活中层出不穷的麻烦，才能给自己带来希望和成功。

奋斗能让我们心平气和地接受当下的困境或失败，把所有的热情和心思，都投注到努力工作上，不让大把的时间在抱怨的情绪中被浪费，不让抱怨的情绪耽误自己解决问题的良机。努力而踏实的付出，即使掺夹着辛酸与苦辣，也会在自己的努力之中，变成一道色香味俱全的精神大餐，使我们能汲取有益的营养，获得幸福。

第九章

拿起该得到的，豁达潇洒，笑对风雨

任何时候，都要保持豁达的心态

英国著名作家萨克雷有一句名言：“生活是一面镜子，你对它笑，它就对你笑；你对它哭，它也对你哭。”这说明，心态决定命运，人有好的心态对其一生极为重要。一个乐观、豁达的人，无论在什么时候，都能感到自己身边的种种温暖、美丽和快乐；他眼中流露出来的光彩会使整个世界溢彩流光。在这种光芒之下，寒冷会变成温暖，痛苦会变成愉悦。

对于乐观、豁达的人来说，世上根本就不存在什么令人伤心欲绝的痛苦，因为他们即使生活在灾难和痛苦之中，也能找到心灵的慰藉。在最黑暗的天空中，他们也能看见一丝亮光；尽管乌云布满天空，他们还是坚信太阳会照常升起。

而忧郁、悲观的人则恰恰相反，他们时常苦恼于看不到生活中的“七彩阳光”；春日的鲜花在他们的眼里会失去娇艳之色；黎明的鸟鸣在他们的耳中也会变成令人心烦的噪声。对于他们来说，澄澈空明的蓝天、五彩纷呈的大地也没有任何美妙之处。

国学大师季羡林曾说：“有一老友认为‘吃得进，拉得出，睡得着，想得开’很重要，而我则认为，最重要的是‘想得开’。我活到快100岁了，就是因为‘想得开’。”

这就是乐观、豁达的生活态度，这也是一种豁然开朗的境界，是一种高尚的人格修养，也是一种明智的处世态度。人生苦短，岁月匆匆，不顺心的事有很多，人不妨让自己“想开些”，这样才不会觉得生活太过平淡。

豁达的性格有先天的因素，但也可以通过后天的训练和培养来形成。每个人都可能充分地享受生活，也可能根本就无法懂得生活的乐趣，这在很大程度上取决于人从生活中提炼出来的是快乐还是痛苦。一个人从生活中看到的究竟是光明的一面，还是黑暗的一面，这在很大程度上取决于其对生活的态度。任何人的生活都具有两面性，没有绝对的“好”与“坏”之分，关键在于人怎样去审视自己的生活。人完全可以运用自己的意志力来做出正确的选择，让自己养成乐观、开朗的性格。

生活中我们常遇到一些不尽如人意的事情，这仅仅是可能引起烦恼的外部原因之一。其实，烦恼的根源在于人自己究竟怎样看待这些事情。烦恼本身其实是一种对既成事实的盲目的、无用的怨恨和抱憾，除了折磨自己的心灵外，没有任何的积极意义，所以，人要摆脱烦恼，最有效的方法就是正视现实，摒弃那些使自己烦恼的消极因素。世界上不存在完全令人满意的事物，大部分纠结于烦恼中的人，实际上并不是他们遭到了多大的不幸，而是由于他们常常只看到生活中“黑暗”的一面，而忽略了那些美好的事物。

实际上，并不是所有在生活中遇到不开心的事、遭受磨难甚至不幸的人，都会失魂落魄、烦恼不堪、悲观失望。很多人对自己不如意的境遇，往往是付之一笑，看得很淡，他们的情绪丝毫没有受到不良的影响，他们依然平静地生活、勤勤恳恳地努力，在“惊涛骇浪”“风雨交加”中依然保持着自己灿烂的笑容。可见，情绪上的烦恼与生活中的不幸并没有必然的联系。如果我们能够看到生活中光明的一面，那么，即使在漆黑的夜晚，我们也会看到熠熠发光的星星，欣赏到点点星光的美丽。毫无疑问，一个能够看到生活中光明面的人，往往更容易享受到生活中的种种快乐。

人要在心中装满乐观豁达的阳光，它能照亮人们的生活，让生活中处处充满欢乐。当你受到烦恼情绪袭扰的时候，应当问一问自己为什么会烦恼，从自己的内心找一找让自己烦恼的原因，要学会从心理上适应环境，接纳生活的种种不完美。不管在生活中遇到什么不幸和挫折，你都应该以豁达的态度微笑着面对生活，坦然地接受痛苦和挫折的考验，而不是抱怨、忧伤，更不要为此浪费自己宝贵的时间和精力去反复“咀嚼”痛苦。

人的一生很短暂，但活得开心最重要。人开心是一天，不开心也是一天，为什么要让自己不开心呢？人要想活得轻松、洒脱，就该“记住该记住的、忘记该忘记的、改变能改变的、接受不能改变的”。唯有这样，人才会豁达、乐观，才能活出全新的自我，才能好好地珍惜人生的每一天。

就算不完美，也要笑着接受

我们若是太注重成功或失败，结果往往会失败。只要我们注重事物本身的特点及规律，专心致志地做好它，我们就会收到意想不到的效果。因此，我们常说：“心态最重要，心态才是最大的本钱。”

物随心转，境由心造，一个人的烦恼或喜悦，皆由心生。心态决定谁是坐骑，谁是骑师，心态才是一个人真正的主人。你不可以控制环境，但你可以调整自己的心态，一个健全的心态比一百种智慧更有力量。

心态是最大的本钱，一个人有什么样的心态，就会营造出什么样的生活，就会塑造出什么样的命运，就会决定什么样的人生。

生活中，当我们发自内心地想笑时，就会觉得天是那么阳光明媚，当我们内心悲泣时，天空也是阴云密布。因此，决定我们生活的好坏、是否能走好人生的，不是老天的安排，而是心态的营造。

心智健全的人之间，并无太大的区别，但为什么有的人能实现梦想抱负，创造出举世瞩目的价值，而有些人勤勤恳恳劳苦了一辈子，却总是与成功失之交臂？据社会学家调研，决定这种天壤之别的，不在于个人能力，而在于个人心态。

生活里，每走一步的艰辛所尾随的疼痛，我们要学会看淡，真正放下之后，是否真的懂得要重新鼓起勇气，坚强地迎向前路未知的更多坎坷，最后攀爬上成功的高峰？还是让自己囚困在挫折的牢笼怨声载道，诅咒命运的不公，让自己生活在惨淡愁云密布之中，从此一蹶不振？人生的进退，生活的悲喜，事业的成败，许多时候，都取决于我们的心态，积极向前或颓废不振，还是权衡利弊，适度取舍，我们做出不同的选择，就会产生完全不一样的结局。

当我们身处寸步难行的逆境时，我们要懂得每个人都不可能一帆风顺，有竞争就会有成功，这也就意味着有失败；有喜悦，也注定会有失落。如果我们把生活中的这些起起落落看得太重，那么生活对于我们来说永远都不会坦然，永远都没有欢笑。我们在人生这条路上，应该有所追求，但暂时得不到并不会阻碍日常生活的幸福。我们要有感恩的心态：感谢命运赐予我们的考验，感恩身边陪着我们的人，使自己在希望中乐观豁达，战胜面临的苦难，迎接即将来临的曙光，帮助我们获取健康、幸福和财富。反之，当我们身处巅峰的顺境之中，狐假虎威；身陷低谷时就垂头丧气，面对挫折，只是一味唉声叹气去抱怨，只能注定自己是一个无法成功的弱者。

将心态看成一笔巨大的财富，是一种智慧。它会让我们更加清醒地审视自身内在的潜力和外界的因素，会让我们疲惫的身心得到调整，成为一个快乐明智的人，微笑着面对生活，做自己人生之船的船长，驾驭自己的人生之船远航。

相信“一切都会过去”

一个人的心若常常在黑夜的海上漂浮，得不到阳光的指引，终究会有一天也会沉沦到海底。时光如水，生活似歌，我们每个人若想要让生活过得有意义、有价值，让心灵充满阳光，学会塑造阳光心态，就显得非常关键和至关重要。

我们每个人如同生活在繁杂世界里的小苗，杂草越多小苗就越难生长，收成就会越差。阴暗的心态只能将我们打入抱怨、不满、气愤的牢笼，让痛苦的回忆总是剥夺着我们当下的快乐，我们只有让心里装满阳光，才会宽容过去的一切伤害，才会轻松地、开心地拥抱当下生命中的每一个时刻，才会拥抱生活中的每一个细节，在挫折中总结经验、吸取教训、悟出道理，让过去的每一种苦难或失败经历，成为自己迈向成功的铺路石，让曾经的痛苦，奠定自己辉煌的将来。

一个心里充满阳光的人，才会习惯性地发现生活中积极的一面，习惯性地用美好眼光看待生活中、工作中的一切，学会接纳自己，接受他人，接受生活，珍惜生命，坚信只要有生命存在，每个人的生活就是完美的；在欣赏他人时，懂得感激，在感激之中，热爱工作和生活，从而形成一个整体的积极互动。

我们只有拥有阳光般积极的心态，才能学会与身边的同事，周围的人群真挚相处，欣赏比自己能干的人，欣赏别人为自己做的哪怕看似一些微不足道的小事情，就会自然而然地将嫉妒所产生的憎恨、厌恶，转变为感激和感恩，广交朋友，与每一个朋友真挚沟通，就像打开一扇扇窗户，让我们看到一个绚丽多彩、令人陶醉的世界。

一个人的内心，就是一面镜子，你笑，它也笑；你哭，它也哭。一个心里充满阳光的人，坚信风雨过后，终会有美丽的彩虹；生活中不吝啬自己美丽的微笑，懂得在心底最深处寻找属于自己的那份宁静与淡然，凝聚坚强，守护一份澄明的心境，感悟生命中的点滴，让一缕阳光折射到心底，让一份淡泊与美丽停留在心湖深处，懂得珍惜，因而生活里总会多一缕阳光。

在我们的一生中，痛苦和快乐总是如同阳光与阴影一样相互伴随着，就如同花开总有花落时，在阳光的照射之下，学会聆听自己，欣赏自己，尽情拥抱着大自然的亲切，在馨香的自然之美，清新的田园风光之中，尽情聆听大自然的歌声，心中就会飘荡着一份宁静的韵律，抛开心中的烦恼，让心中升腾起无尽的幸福感，给生命一份恬静，坚信明天会更美好，绝不轻言放弃，笑对生活，扬起生命的风帆，升起心中的太阳，让阳光照亮心房，精神振奋，敞开心扉，与人为善，笑对人生。

拥有阳光的心态，我们的生活于无形之中就会少一分烦恼，少一分狭隘，多一分快乐和幸福，生命之树自然常青。

不怕有人阻挡，只怕自己投降

在人生的道路上，我们每个人心中都会有许多美好的梦想，我们每个人都希望实现自己的梦想。但许多时候，我们美好的梦想会在瞬间被无情的现实打击得粉碎。有的人因此而颓废，而有的人则会坚持自己的梦想。人生最大的敌人，其实不是他人，而是我们自己。千难万难，只要自己不投降，成功的道路就永远在前方。

人活一世，没有谁的人生之路是一帆风顺的，一个人要想干成一番事业，不但会遭遇挫折，还会遭逢困难和艰辛。但是，困难只能吓倒那些性格软弱的人。对于真正坚强的人来说，任何困难都难以迫使他们低头屈服，相反，困难越多，磨砺越大，越能激发他们的斗志，激励他们奋发图强。

面对生活中的磨难，人最需要的是坚定的意志和勇往直前的决心。只要你有一颗充满勇气的心，你在人生的路途上就不会停下前行的脚步，即使每一步都走得很艰难；只要你有一颗充满勇气的心，你在人生的大海上就不会有丝毫懈怠，即使前方巨浪滔天；只要你有一颗充满勇气的心，你在山穷水尽时就能及时调整方向，在另一条路上看到新的景致；只要你有一颗充满勇气的心，在上天拿掉你的人生砝码时，你就能再加上新的砝码，让你的人生天平重新平衡，让你的人生焕发精彩。总之一句话：勇气在，成功就在！

所有成功的人，都具备一个共同点，那就是他们都拥有坚毅的性格。他们一旦确定要做一件事情后，就从不轻言放弃，从不轻易举手投降，哪怕面前有无数的困难，他们也会想方设法克服。一个人的梦想得以实现，是偶然的时势造就，也是日积月累的实力成全。一个成功者，无论是在工作中还是生活里，遇到苦难的时候从不逃避，而是勇敢面对。

在千万人阻挡面前举步不前的人，其梦想犹如搁浅的船只，无法在生命的长河中徜徉。因为他们总是将自己陷入旋涡，然后随波逐流，却从未想过要挣脱旋涡，按照自己既定的计划继续前进。他们很容易被现实的各种诱惑所吸引，他们没有勇气说“不”，从而让自己的梦想成为空想。

在追梦的路上，只要我们自己不放弃，任何困难都不能阻挡我们，我们朝着梦想的方向一路前进，就一定能收获成功的喜悦。不要被他人的判断束缚自己前进的步伐，遇事没有主见，没有自己的立场，自然与成功无缘。

我们每个人都有从众心理，许多人尽管一开始拥有自己的立场，可一旦周围持反对意见的人多了，就会情不自禁地怀疑自己的选择，心理的堤岸崩溃了，转而改变立场，向众人投降。我们必须不盲从，坚持自己的立场。以别人的标准来改变自己，并不能帮助我们实现自我的价值。

人生的悲哀，莫过于总是听信于人，而没有自己的主见。我们生命应当由我们自己做主，一个人首先需要尊重自己，不等待命运的馈赠，不对命运投降，才能做出成绩，向自己的梦想靠近。

我们每一个人，总有遭人批评的时刻。越成功的人，受到的批评往往越多。只要确定自己是对的，就不要妥协，向着自己的梦想勇往直前吧。

逆境是一个人的试金石，有人在逆境中站得更直，也有人在逆境中倒下，这其中的差别，就在于这个人是消极逃避还是积极面对。

当我们放不下某些沉重的东西时，把它们转化成是让我们幸福的、快乐的东西，我们一定会轻松很多。处变不惊，方能笑对人生中的逆境。身处幸运需要内敛，身处逆境需要坚韧。只有充满坚定的信念，保持恒心，不放弃努力，就有希望，就有机会，就会幸福。

生活是沉重的，智慧一点，就会轻松很多。坚强的人不会被生活的磨难吓倒，反而把它们当成是逆境转向成功路的前奏。

生活的美在于拼搏和创造。能够笑对逆境的人，永远都是生活的强者。因为他们明白，每一次的不幸并非都是灾难，逆境通常也是一种幸运。与困难做斗争为日后面对更大的人生挫折积累了丰富的经验。

心态平和，淡定沉静

面对生活中的磨难，我们需要淡然处之，你的心态往往也决定了你的性格，不要让自己成为一个阴郁的人，不要让自己成为一个孤僻的人，也不要让自己成为一个让人厌倦的人。无论是普通人还是身体上有缺陷的人，都需要有一个健康阳光的心态，因为谁都愿意跟这样的人交往。

不要因为你的缺陷自卑，也不要因为你的缺陷自以为是，认为别人就是有责任照顾你，认为谁都应该让着你帮着你，也许你的无理取闹是因为你没有安全感，也许你是为了想要证明自己的重要性，但是这样的方式只会让朋友越来越远离你，只会让本来爱你的人渐渐变得对你感到厌烦，你的烦恼和忧伤也会接踵而来。

人生不容易，希望在我们年老的时候可以淡然地回顾我们这一生，然后告诉自己我的人生是如此充实而坦然，就算马上面对死亡也可以毫不遗憾、毫不畏惧。有时候，上天没有给你想要的，不是因为你不配，只是因为值得拥有更好的，而这更好的东西何时能够来到你的身边，或许是在经历了生命的繁华与苍凉之后，有一天它就悄悄地出现在你的面前。

度过了繁华洗尽了纤尘的人应该懂得，在无名无利的人生阶段能够坚强乐观，放大自己的快乐，缩小自己的悲伤；在功成名就、众人追捧的时候，能够保持平常心，做最自然的自己。在安静从容的时光里做自己喜欢的事，那是一种惬意的享受，是即使你在顶级的咖啡店里喝着一杯昂贵的咖啡也感受不到的快乐。

当你拥有了安静从容的人生，你生命的长度即使没有产生变化，但生命的广度已然能够超越以往。双倍的快乐、双倍的收获、双倍的给予……这么美好的事物让我们将自己的生命活得更精彩。特别是能够坚持自己喜欢的事的人，把每一天都活得很精彩，让生命为我们欢呼，让人生因你而精彩。

在安静从容的人生里，不代表我们不用去冒险，不代表我们可以不去奋斗拼搏，只是在那样的大环境里，我们需要保持自己一个稳定的心态，保持一个乐观的心态，继续坚持自己喜欢的事，继续努力应该努力的方向。或许它不能立竿见影地让你有什么收获，但你要知道这样的人生终究对我们是有益的，这样的心态终究是能够让我们有所收获的。

现在很多年轻人在纷聚的城市里迷失了自己，不知不觉走上错误的道路，他们的心过于浮躁，他们想取得成功，想拥有金钱，但并没有脚踏实地地去努力，最后毁了自己的一生。一定要有自己正确的价值取向，获得成功固然重要，但获取成功的方式应该需要考量，否则就算你功成名就，鲜花掌声环绕，当你独自处于一个封闭的状态，你仍会为自己卑劣的手段、失败的人格而内疚、心痛。

有时候我们宁愿不去追求那些过眼云烟，只要过好自己的生活，该来的终究会来，该有的终究会有，如果你的生命里不该拥有，那么也不必强求。安然地度过、从容地接受，这也是一个智者应该拥有的状态。

第十章

放下该舍弃的，心怀感恩，快乐人生

感恩让你心中的花盛开

常言道："滴水之恩，当涌泉相报。"这句话所蕴含的意思，就是说一个人要懂得感恩。

人立于天地间，想要干一番大事业，必须要先从自己的身心开始修炼，端正好心态，断恶修善。

生活中，总有些人觉得上苍亏欠他们，父母的呵护、师长的关爱、朋友的真情似乎是理所当然的。他们视恩情如草芥，背信弃义却毫无愧疚之意，感恩之心早已荡然无存。那么我们应当如何看待感恩？我们究竟应当怎样感恩？

"父母所欲为者，我继述之；父母所重念者，我亲厚之。"对于赋予我们生命的父母，我们应该永远拥有发自内心的感恩之情；对于给予我们关爱与情谊的老师、同学和同事，我们永远拥有发自内心的感恩之情；

对于让我们的生活充满美好的自然、社会，我们永远拥有发自内心的感恩之情……我们就可以像孔子的贤弟子颜回一样，"一箪食，一瓢饮，在陋巷，人不堪其忧，回也不改其乐"，在任何情况下都能过得快乐，幸福。

感恩之心，就是对世间所有人所有事物给予自己的帮助表示感激，铭记在心。感恩是每个人应有的基本道德准则，是做人的起码修养。无论你是何等尊贵，或是怎样看似卑微；无论你生活在何时何处，或是你有着怎样特别的生活经历，只要你心中常常怀着一颗感恩的心，随之而来的，就必然会不断地涌动着诸如温暖、自信、坚定、善良等这些美好的处世品格。

不懂感恩，就失去了爱的感情基础。如果人与人之间缺乏感恩之心，必然会导致人际关系的冷漠，世界就会是一片孤独和黑暗。学会感恩，感谢父母的养育之恩，感谢老师的教诲之恩，感激同学的帮助之恩，感恩一切善待帮助自己的人，甚至仅仅是对自己没有敌意的人。我们处处需要感恩，我们依靠社会其他成员的劳动才提高了生活质量。人生只有懂得感恩之后，心理才会很平衡，不去怨天尤人。

细想起来，日常生活中，我们的亲人，我们身边的同事，我们的上司，为我们付出的何止是“一滴水”？他们的爱护、担忧、叮嘱，可汇聚成一片碧海蓝天，可是我们往往忽略了这种关爱，让缺乏感恩情怀的心田里，杂草丛生。

我们只有在感恩鼓励自己的良师益友时，才能给予自己希望；我们在感恩上司给我们提供工作的机会时，工作的热情才能照亮自己前进的道路；我们在感恩指导自己的人时，才会让自己进步；我们在感恩批评自己的人时，才会使自己得到锻炼；我们在感恩伤害自己的人时，才会在磨炼中锻炼自己的意志……我们在感恩之中，收获的是另一种天高海阔、云淡风轻的美好境界。

一个人一旦拥有感恩的心怀，就不会患得患失，斤斤计较，懂得包容，更懂回报，以一种更积极的态度去回报我们身边的人，摒弃那些自私的欲望，使心灵变得澄清明净，心怀孝心，营建快乐，包容一切，懂得取舍，明悟得失。我们也只有在感恩的情怀之中，才会放开自己的胸怀，让霏霏细雨洗刷自己心灵的污浊，发现生活原来可以使自己变得这么快乐，会让我们心无旁骛地享受生活，使自己将职场中的负担变成轻松，将忙碌的工作变得快乐，懂得坦然面对人生中的得与失，让困境成为前进的垫脚石，让感恩的微笑，像鲜花一样美丽地绽放在容光焕发的脸上。

感恩阳光带给我们光明和温暖；感恩水源滋养了世间灵性；感恩父母给了我们生命；感恩亲情、友情陪着我们越过了孤独和黑暗；感恩老板给了我们人生一份职业……所有感恩的情怀，是从我们血管里喷涌而出的一种钦佩，是不忘他人恩情的可贵情感，它可以消解一个人内心所有积怨，可以涤荡世间一切尘埃，让自己在尘土中自立、自强。

学会感恩才能懂得爱

感恩是一种美德，感恩的心一定要时时保持，它不仅让你关怀一沙一石、一草一枝，还会让你缓解无形的压力，克制不满的欲望，抚平争斗之心。

懂得感恩，是收获幸福的源泉。懂得感恩，你会发现原来自己周围的一切是那样美好。懂得感恩是获得幸福的源泉。一个人如果常怀一颗感恩的心，那么，他就会感觉到生活是幸福的，并且随时能品尝到幸福的滋味，如此一来，他就会更加珍惜生活中的一切，就会觉得人生无比美好。

懂得感恩是一种具有爱心的表现。在生活中，如果我们每个人都不忘感恩，人与人之间的关系就会变得更加和谐、更加亲近，我们自身也会因为感恩心理的存在而变得更加健康、更加快乐。人懂得付出，懂得爱他人，懂得爱这个世界，就会懂得报恩、感恩。

在生活中的每一刻，我们都要尽量去感恩。我们要感恩父母的养育之恩，感恩老师的教育之恩，感恩朋友的关怀之恩，感恩我们赖以生存的环境：阳光、大地、空气，感恩所有使我们能够有成就的人。我们还要感谢伤害我们的人，是他们使我们变得更加成熟；感谢欺骗我们的人，是他们让我们增长了见识，提高了心智；感谢斥责我们的人，是他们让我们增长了智慧。感恩会让我们心中的太阳越来越明亮，所以，我们要以感恩的心来面对每一个人、每一件事，这样我们将生活得更加快乐、自由、幸福！

有人可能会说：“我不太容易对他人产生感激之情。”你不感激他人的帮助，他人也不会感激你的帮助，如此一来这个社会就不会和谐，人与人之间就会变得冷漠。西方哲人说：“当一个人意识到是信念、梦想和希望使他生活中的一切成为可能的时候，他越伟大，同时就会越谦逊。任何一个人为自己的成就感到骄傲时，就让他想一想他从前从别人那里得到的一切，因为，是他们的信念帮助他校正了生活的方向，他最好的奋斗目标就是去实现他们的信念。”

当然，感激之情不是自动就会有的，而是需要经过我们的努力不断培养起来的。换言之，在我们奋斗的过程中，我们不要只顾“埋头拉车”，也要“抬头看路”。要经常想想谁帮助了自己，谁鼓励了自己，如果我们做到了感恩，我们心中的爱就会越来越多；但如果把感恩抛诸脑后，我们的生活就会越来越封闭，心也会越来越狭隘。

我们要学会感恩和知足，只有这样，我们才能感受到爱，才能努力去奉献爱，我们也才会真正快乐起来。

人生短暂，好好地珍惜身边的人和事吧，好好地善待身边的人和事吧，好好地把握身边的人和事吧！让自己的修养在潜移默化之中得到提升！

人到底拥有多少幸福和快乐，取决于人到底付出了多少爱。不论人取得了多么巨大的物质成就，如果这些成就不能有助于社会的繁荣和发展，那么，这些巨大的成就最终不会给人类带来幸福。

因此，在生活中的每一刻，我们都要尽量去感恩。

你存在于你的内心

虚荣的本质，就是虚浮、虚华，好图名利、好赶时髦，其本质就是因为自卑，常常在自以为是的狭隘心理中，总觉得自己聪明盖世，技高他人一筹，而不懂得当前形势变化快，时不我待，应该将过于表现自己的精力，都用在学习中增长本领。

虚荣心是一种扭曲的自尊心，是自尊心的过分表现，是一种追求虚表的性格缺陷，是人们为了取得荣誉和引起普遍的注意而表现出来的一种不正常的社会情感。强烈的自尊背后往往是强烈的自卑，有句话这样说："越标榜什么，越没有什么。"的确，生活中我们往往能看到那些自吹自擂的人。吹嘘自己有钱的，往往都是不怎么有钱的；吹嘘自己有权的，手头上往往没什么权力；拐弯抹角夸自己漂亮的，往往是那些对自己容貌不自信的。所以，为了虚荣的吹嘘是对自己内心自卑的直接暴露。很多人根本就不明白这个道理，认为自己这样做能够让别人更看得起自己，殊不知，这样做不但会让别人看自己的笑话，还会让自己深受其累，为了那所谓的虚荣让自己整日疲惫不堪。

适度的虚荣心虽然有时候可以成为一个人前进的动力，但是虚荣心过于强烈的人，不是通过自己努力获得应有的尊重，而是利用谎言、投机等不正当手段在沽名钓誉。这种虚假的自尊一旦被揭穿，就有可能使其心理在极短的时间内全面崩溃，从而产生严重的心理障碍或严重的思想问题，有时甚至会导致某些人滋生犯罪心理。

职场中也处处充斥着虚荣的心理，而且表现在方方面面。比如对自身的能力、水平估计过高，并且处处炫耀自己的特长和成绩，喜欢听表扬、奉承的话，而对别人的批评却恨之入骨；常在外人面前夸耀自己有点权势的亲友，自己和领导关系有多么亲近；对于自己的本职业务不懂装懂，打肿脸充胖子，喜欢班门弄斧；虽然手头拮据但是花钱却大手大脚，摆阔气、赶时髦；处处争强好胜，总感觉自己处处比别人强很多，自命不凡、自以为是，把工作中的失误归咎于他人，从来不知道从自己身上找原因；有了缺点，也会寻找各种借口为自己极力掩饰；对别人的才能妒火中烧，说长道短，搬弄是非。虚荣心是最害人的，要想让自己活得快乐、轻松，必须从心里认清虚荣的实质，努力摆脱和远离它。

放下自卑的虚荣，将自己的目标调整回自我肯定。意识到他人的评价，包括赞扬、名誉、地位等都不是最重要的，价值感和存在感主要是从自己内心获得的，要避免将自己的价值完全建立在别人的评价上，找到自己独特存在的内在价值，将会是最终的解决方法。在工作和生活中，我们一定要抛开虚荣的枷锁，找到属于自己的真正世界，在属于自己的空间里自由翱翔。

在现实生活中，那些真正的强者懂得展现真实的自我，而不是通过卖弄来满足自己的虚荣心。放弃那些没有用的虚荣心，抛开虚荣的枷锁，给自己一个真实而自由的生活世界。

每天心情阳光

“海纳百川，有容乃大；壁立千仞，无欲则刚。”这句从林则徐宽容、正直无私的心田里滋长出来的至理名言，是其一生大公无私、大义凛然的真实写照。其中的“无欲则刚”出自《论语》，比喻为人唯有做到正直，没有任何私欲，方可稳稳挺立。

其实，人只要生存于世，在红尘中谋取或富裕，或高贵，或光宗耀祖，或摆脱困境，形形色色的“欲”望，就会在心里杂草般丛生。有“欲”则有动力，但凡事总得讲究个尺度。不然肆意横流的欲望过多、过大，就难免助长贪心；过多、过大的欲望，使欲壑难填也就成为必然。财欲、物欲、色欲、权势等世俗的欲望，往往会迷惑欲者的心窍，最终会导致后悔莫及的纵欲成灾，而刚毅耿直的品德，则会在没有世俗的欲望、阳光的心态中，灿然绽放出人性的光辉。

在这个各种各样欲望交织的现代社会，人一旦有了过多的欲望，就会深陷欲望之壑，在沉浮不定的旋涡里绞尽脑汁，用尽一切心机，反而使自己陷入寝食难安的重重窘境，让愁云惨雾笼罩着自己阴暗的生活；让痛苦烦恼和忧愁，折磨着自己的心灵；让自己的身心在无尽的煎熬和悔恨中，受到千疮百孔的伤害。

所以，我们只有不被过多的欲望所操纵、所左右，淡然处世，每天拥有阳光心情，就没有那么多荣辱和得失的权衡，就没有恩恩怨怨的纠缠不清，我们不被羁绊的心灵，才会自由自在得像天上舒展的白云，像山涧中欢溅的股股清泉。每天心情阳光，会使你拥有快乐安然的心情，面对平淡而平凡的生活，让我们在感恩、知足的快乐心境里，更安稳、更踏实地认识生活、认清自我。放松的步履，才会随同放飞的心灵，一起轻松、超脱地飞翔。

每天心情阳光，使你的品格在尘泥中自然得如同出水之荷，保持高风亮节；如同石岩间傲然挺立的苍松翠柏，任凭乌云翻卷，电闪雷鸣，依然心安理得地挺立在人世间。

每天心情阳光，不失为我们驰骋职场、愉快工作的一个经典法宝。每天心情阳光，也是我们对自己的一种内省、关爱，对机遇的一种把握和珍惜，对幸福的一种积累和经营。

每天心情阳光，会使我们拥有一种平和淡远的心境，从而能持久、从容踏实地尽全力去完成自己应该完成的任务，去用心体贴自己应该关爱的亲人，从而获取本该属于自己的幸福生活。

最曼妙的风景是内心淡定

只要你的内心保持平静，就不会因为外在事物的影响而起伏不定、心绪烦躁。人生要有一种宁静致远的追求，不对外物太过牵挂。喜欢坐就坐，喜欢躺就躺，随心所欲，在这种状态下，虽然穿的是粗衣，吃的是淡饭，但仍然会觉得心情平静；相反，那些患得患失，忧患和烦恼缠身的人，成天奔忙着一些为名为利之事，这些人虽然穿的是华丽的衣服，吃的是山珍海味，但却会心不安定，睡不安稳，食之无味。

人有欲望，欲望不控制，就像无底洞，深不见底。所以，人只有始终保持一种从容淡定的心，平静地面对荣辱得失，做到得荣不喜，受辱不惧，才能不为世事所挂绊。生活中，多数人在荣辱之间要么得意忘形，要么失意失志，得之若惊，失之亦惊，在大喜大悲之间常常失了方寸，乱了阵脚，把持不住自己，让世事牵着自己，不能把持自我。

范进在突然降临的功名面前，压抑不住内心的狂喜，竟然疯了。这是我们熟知的“范进中举”的故事。今天，为了追求功名富贵的人依然不在少数。于是在这条路上，前仆后继地走着伤痕累累的追利逐权者。

人有欲望不是错，但欲望过盛，就会烦恼连连，自招痛苦，甚至引来灾祸。那么，如何避免这一最可怕的东西降临到我们的身上呢？那就是要掌控好自己的内心，不被贪欲蛊惑，在淡泊中求得快乐。

走在路上，人们总是留恋于那些高档的服饰、名牌的手表、珍贵的首饰，向往于富豪所住的别墅、大房子，为擦身而过的名贵跑车而羡慕不已。其实，我们忘记问问自己的内心：我们真的需要这么多东西吗？

生活就是这样，多了未必就好，少了也未必就差。也许物质少了些，欢喜就会多了些；吃穿少了些，情谊就会多了些。人只要内心充满了快乐，又何必在意物质的多寡呢？

第十一章

放下该舍弃的，学会忘记，保持前行

放下过去，才拥有未来

生活中，我们每个人往往都会把自己以前的成功，放在心里很重要的位置，把过去的那些光环、过去的那些荣誉珍藏着。殊不知，这样往往把自己定死在原来的位置，止步不前，无从突破，一旦形成惯性，自己的事业或人生，也就开始慢慢走下坡路。

当然，把自己千辛万苦努力才得到的东西一下子就放下，谈何容易？但是，我们若死死抱着以前的成功不放下，就很难向前看。那些成功有时候不是动力而是牵绊我们不能前进的绳子，让我们一直围绕它们转动，止步不前。那么过去的成功，又有何值得我们放不下的呢？

居里夫人的故事，总是激励着我们一代又一代的人。居里夫人经历常人难以想象的千辛万苦，从10吨的废渣里才提炼出1克镭，获得了诺贝尔奖等许多奖项，但是她放下了过去的光环，没有将奖杯奖牌放在最显眼的地方以供观赏或夸耀，而是将奖杯奖牌放在一边，甚至送给自己的孩子当玩具，毫不在意。因此，她在获得种种奖项之后，又创造了许多辉煌，为自己的人生画上了完美的句号。

居里夫人事业常青的秘诀就在于：她放下了过去的光环，总是在不断开创新的路程，因而总是能取得新的成就。反之，她若是放不下过去的美好和荣耀，总是认为自己高人一等，就会变得散漫，就无法认真对待成功之后的研讨事宜，无心再刻苦钻研，再次创新辉煌更是无从谈起。

放下过去的成功，相信自己：既然我们之前可以成功，那么以后也一定会迈上成功的新台阶！这样我们才不惧改变，不计较一时的得失，努力改变自己的心态，调节自己的心情。学会平静地接受现实，学会对自己说声顺其自然，学会坦然地面对厄运，学会积极地看待人生，学会凡事都往好处想。敢于丢掉过去的成功，不管它有多珍贵，也不管它看上去是多么光鲜，我们只有放下它，才会有所突破，才能在现有阶段的成功之上成长和成熟。

放下过去成功的虚名、光环，在人际上求得彼此之间的了解沟通、增加相互信任、消除隔阂、排释误会、获得最大限度的消解，才会优化个人的心理品质，加强个人道德情操和心理品质的修养，净化心灵，提高精神境界，拓宽胸怀，以此来增大对别人的信任度和排除不良心理的干扰，摆脱当下错误思维方法的束缚，扩展思路，敞开心扉，增加心灵的透明度，才能让成功再迈上新的高度。

过去不是衡量将来的标准

不为过去的得失念念不忘。语句简单朴实，通俗易懂，但蕴含的哲理却十分深刻：我们的过去，无论好坏，无论我们再怎么后悔，再怎么怨恨，再怎么惋惜，都是徒劳，再也挽回不了，既然过去已经成了不可补救的事实，我们又何必为过去哭泣、抱怨，又何必再把宝贵的时间和精力浪费在无法挽回的事情上呢？

我们每个人在“过去”都难免会失败或做错事，但丧气、难过对已发生的事根本无法再改变，我们要做的只有让过去成为一个教训，一个前进借鉴的经验，吸取好的营养，以更好的实际行动来赢得将来。

喜欢回忆过去的人，常常会沉溺在过去的臆想中，但不管是花好月圆，还是曲终人散，过去就是无法改写的一页历史，把它当成经验之谈，或当成一种教训，都只会换来对生活现状的不满，对将来的迷茫。喜欢回忆在过去的人，总会被许多苦恼和小事情所困扰，在心神不宁中毫无斗志和目标，也使自己每天笼罩在悲愤郁闷的氛围之中。因此，我们必须砍断那些不必要的念想，以及蜷缩在过去不肯继续往前走的那个自己。每个人的每一天，都是新的开始，我们不应回顾过去，而应该好好把握将来：我们只有断绝过去，才会以新的姿态迎接新一天的到来，才会每时每刻都令自己进入新的征程，这样积极的风范，才会铸造积极的将来。

智者不会在同一个地方跌倒两次。何必沉浸在痛苦的深渊里呢？过去的爱恨情仇、所得所失，都如同流入河中的水，是不能取回来的。过去的俨然都已经成记忆，一个人留存的记忆越多，就会发觉伤感越来越多，记忆越来越鲜活，越是容易铸造思维的牢笼，使我们新的人生履历久久翻阅不动。我们只有勇于承认失败的事实，跳出烦恼的深渊，不必为过去忧虑和悲伤，不必为过去再流泪痛苦，从容丢弃那些不能让我们获得的过往事情，坚强选择活出精彩的未来。

我们每个人一旦拥有只为将来活，不为过去生的信念，就会懂得无论过去自己是如何风光，如何幸福，但生活无常，世事变迁，我们只有积蓄更多的智慧和能力，在远大的人生目标中，使我们不必再纠结过去的得失而失落，不会为过去的错过而哭泣，不会因为失掉了过去而失去现在、失去将来，才有可能在将来创造丰功伟绩。

我们每个人只有抱定只为将来活，不为过去生的远大目标，才不会在缅怀过去之中，去追求一些不切实际的东西，直到把拥有的也失去了，方才后悔莫及，才会以真诚的心、宽广的心、感激的心对待过去，以积极的心、进取的心、实干的心对待现在，将来才会以灿烂的笑脸和热情的怀抱迎接自己的成就。

我们一旦确定为将来而活，内心就会平和地充满阳光，在当下发挥我们的潜力，让一点点的快乐，一点点的拥有，踏踏实实构筑起我们将来厚实的地基，才不会让过去成为一种虚妄的经验之谈，而花费大量的精力去小心翼翼地保护这种愈来愈缥缈、愈来愈不真实的光环，让它最终变成一道无法跨越到将来的鸿沟而使自己止步不前。

世间的万物都是在变化之中的，世间的万物都在不断更新，我们只有为将来而活，不沉溺于过去的泥潭止步不前，才能不断推陈出新，勇于接受改变，重新激发斗志，去创造璀璨的将来，这也是每个人挥别过去的智慧选择，是重获新生的再塑，是重启将来凯旋之歌的展望。

随时丢掉无用的包袱

过去的日子，就像清澈的水，固然清晰得历历在目，可是，若想抓住，却是不可能的。

该忘记的就要忘记，实在不能忘记也要就地掩埋，等什么时候有时间有心情了，再偷偷扒开看一眼，千万不要把什么都带在身上，那样的负重谁也承受不起。如果纠结于过往，那就是在拿过去的无谓之事来摧毁现在的生活。

过去的已经过去，驻足是为了看得更远，休息是为了走得更远。在驻足、停下的宝贵一刻，或者因为对过去有太多的遗憾想要去弥补，以至于对今天也患得患失起来。如果在那一刻能够摆脱过去苦难的拖累，抛弃对未来成功的幻想，那才是一种宠辱不惊的沉稳，一种笑对人生的豪迈。

我们经历过的一切事情都是有用的，不管逆境还是顺境，都使我们成熟。但当我们不需要时，就应该把它们统统放下，继续下一程。不放，就成了包袱。

一个青年背着一个大包裹千里迢迢跑来找无际大师。大师问："你的大包裹里装的什么？"青年说："里面是我每一次跌倒时的痛苦，每一次受伤后的哭泣。"

于是，无际大师带青年来到河边，他们坐船过了河。上岸后，大师说："你扛了船赶路吧！""什么，扛了船赶路？"青年很惊讶，"船那么沉，我扛得动吗？”大师微微一笑，说：“过河时，船是有用的。但过了河，我们就要放下船赶路。否则，它会变成我们的包袱。痛苦、孤独、寂寞、灾难、眼泪，这些对人生都是有用的，它能使生命得到升华，但总是不忘，就成了人生的包袱。放下它吧！孩子，生命不能太负重。”

青年放下包袱，继续赶路，他发觉自己的步子轻松而愉悦，比以前快得多。

聪明者懂得随时放下包袱，绝不会扛着船赶路。放下我们曾经的包袱，轻松前行吧。

在人生的征途上，如果老是扛着包袱赶路，永远也不能前行。放下包袱，轻装上路，才可能走得更远。

放眼世间，没有患得患失的放不下；回首往事，没有沧海桑田的舍不得。也许这时候，生活中的快乐会像海边的贝壳，捡拾不尽；成功的得来犹如信手拈花，潇洒从容。看到周围的人在预支明天的喜怒哀乐时，你早已明白，明天尚不可知，而当下，才是上天赐给我们最好的礼物。

不纠结于过往，并非不总结过去的教训，而是让挫折的经验更实际，去除现存的缺憾。既然人无法预知未来，唯有活在当下，不懈努力，奋斗拼搏，未来的生活才会更加丰富多彩。

不害怕、不后悔，走好人生路

顺境与逆境，犹如白天与黑夜，无法评价其孰好孰坏。人生路上，顺境会遇到，逆境也会“碰到”；有的人顺境多一些，有的人则逆境多一些。当然，人们都希望遇到顺境，而逆境则是人们都不愿意“碰到”的。

顺境能让人心情愉快，做起事情来得心应手；而逆境则被人们视为“霉运”，视为不顺。逆境中的有些人做事事事碰壁，于是总羡慕那些他们认为生活在“顺境中的人”。实际上，很多在外人看来处在“顺境中的人”并不是完全顺的，他们也会有烦恼、悲伤，甚至“霉运”。

在生活中，一个人如果太顺利了，也不一定是好事，因为可能会让人有点飘飘然、自得、自大、骄傲自满，看不到潜在的危机，努力奋斗的心态会逐渐懈怠，浮躁、专横等不良问题会越来越多。因此，人越是在顺境中，越应小心谨慎，如履薄冰，这样才能将顺境牢牢把握住。

当然，并不是处于顺境中的人就一定经不起考验。人如果在顺境中一直保持谦虚谨慎的态度，利用顺境中的各种有利条件，踏踏实实做事，就容易取得成就，容易取得成功。

年轻时，前面的路漫漫，正等我们去走，这时需要的是走出去的勇气，背起行囊，义无反顾，哪管山高水深，哪管前途坎坷。走出这一步，已经成功了一半。如果不敢跨步，注定是失败者。

20年前，一个年轻人离开故乡，开始创造自己的前途。他动身前去拜访本族的长者，请求指点。长者正在练字，他听说本族有位后辈要开始踏上人生的旅途，就写了三个字：不要怕。然后抬起头，望着年轻人说：“孩子，人生的秘诀只有六个字，今天先告诉你三个，供你半生受用。”

20年后，这个从前的年轻人已是人到中年，有了一些成就，也添了很多伤心事。重归故里，他又去拜访那位长者。他到了长者家里，才知道老人几年前已经去世。他的家人取出一个密封的信封对他说：“这是长者生前留给你的，他说有一天你会再来。”还乡的游子这才想起来，20年前他在这里听到人生的一半秘诀，拆开信封，里面赫然又是三个大字：不要悔。

中年后，经历了酸甜苦辣，成也好，败也罢，人生就是如此，也没必要后悔。最重要的是总结经验教训，走好晚年的最后一程，快快乐乐度过人生冬季。中年以前不要怕，但要有智慧去行事：中年以后不要悔，但要有前车之鉴做拐杖，才能走好幸福路。

人无论是处在顺境还是逆境，都有可能成功，也都有可能失败。关键是看人自己以什么样的心态去对待顺境和逆境，尤其是选择什么样的行动去改变逆境，选择什么样的方法去把握顺境和逆境。

一次失败，并不意味着永远的失败，也决不意味着总是处于逆境之中，有时尽管人们一时没有达到目标，但只要坚持、努力，就有成功的希望。而如果不坚持，绝望了，放弃了，那最终肯定是一无所成。

锲而不舍，坚定信念

有位名人曾经说过：“失败只有一种，那就是半途而废！”

下定决心做一件事是容易的，但能够坚持到最后取得成功就不那么容易了。有的人头脑“热”一些，没有估计到困难，结果困难一出现，他就退缩了；有的人头脑冷静一点，估计到了困难，可没估计到困难有那么大，结果也退缩了；有的人眼看就要成功了，距成功只有一步之遥、一纸之隔，可就是“挺不住”了，结果，前功尽弃，这不是他的能力不够，而是他的意志不坚啊！

一个人做事，要么不做，要么就坚持到底，绝不能半途而废，不能让之前的努力付诸流水。凭一时感情冲动和兴致去做事的人，等到热情和兴致一过，事情也就跟着停顿下来，这哪里是能坚持长久、奋发上进的做法呢？从情感出发去领悟真理的人，有时能领悟到真理，有时也会被感情所迷惑，所以这种做法也不是会永久发光的“灵智明灯”。身处顺境被当政者恩宠征用，往往会招来祸患，所以一个人在名利、权位上志得意满时应该见好就收，要有急流勇退的明哲保身态度，尽早觉悟；不过遭受挫败有时反而会使一个人走上成功之路，因此人在遭受打击、不如意时，千万不可就此罢休、放弃追求。

东汉时，河南郡有一位智慧的女子，是乐羊子的妻子。

一天，乐羊子在路上捡到一块金子，回家后把它交给了妻子。妻子说："我听说有志向的人不喝盗泉的水，因为它的名字令人厌恶；他们宁可饿死也不吃嗟来之食，更何况拾取别人丢失的东西。这样会玷污品行。"乐羊子听了妻子的话，非常惭愧，就把那块金子扔到野外，然后到远方去寻师求学。

一年后，乐羊子归来。妻子问他为何回家，乐羊子说："出门时间长了想家，没有其他缘故。"妻子听罢，操起一把刀走到织布机前说："这机上织的绢帛产自蚕茧，成于织机。一根丝一根丝地积累起来，才有一寸长；一寸寸地积累起来，才有一丈乃至一匹。今天如果我将它割断，就会前功尽弃，从前的时间和努力也就白白浪费掉了。"

妻子接着说："读书也是这样，你积累学问，应该每天获得新的知识，从而使自己的品行日益完善。你如果半途而归，那和割断织丝有什么两样呢？"

乐羊子被妻子的话深深打动，于是又去远方继续学业，一连七年都没有回过家，最终学有所成。

人生不过几十寒暑，异常短暂，人在有生之年，发挥出自己真正的兴趣与才能，一心一意地坚持做下去，才会有所成就。古人所说的“不经一番寒彻骨，怎得梅花扑鼻香”提倡的正是一种坚韧、锲而不舍的精神。

当今时代有一些颇为浮躁的风气，人们被时尚和流行弄得晕头转向，许多人失去了“凿深井”的精神。我们常常感叹做事难成，但是我们是否有过自我反思：我们真的一心去做了吗？其实，人生只有“凿深井”，才能品味出深刻而丰富的内涵。

许多时候，面对挫折与失败的打击，我们不能沮丧，而是应该问问自己：“为什么不再试一次呢？”无论做什么都要懂得坚持，不容许有任何半途而废的想法和行动，因为，成功源于坚持。

第十二章

放下该舍弃的，懂得变通，坦然面对

换种思路想问题

生活因为有了不完美，所以才让人们能有更多的动力去变不完美为完美。不完美的存在不可怕，可怕的是我们不愿意改变，因为不愿意改变所以那些不完美会一直存在，但只要我们愿意努力，那么，不完美就会变为完美。

这个世界上有很多人一生都不是完美的，有的人天生失明，有的人天生有心脏病，还有的人由于种种原因瘫痪了……面对这些不幸，有的人选择接受事实，平淡无奇地度过一生；有的人却选择了与命运抗争，努力把生命中的不完美变成完美。

海伦·凯勒是不幸的，因为失明，她的世界只能在黑暗中度过，然而她又是幸运的，因为她用自己的行动在黑暗之中找到了属于自己的那片“光明”。

海伦·凯勒用自己的行动给所有的人带来了光明，她一生度过了88个春秋，却有87年是在无声的世界中度过。她通过自己的努力读完了哈佛大学德克利夫学院。她用自己的全部力量建立了很多的慈善机构，为诸多的残疾人造福。她被美国《时代周刊》评选为20世纪美国十大英雄偶像。那本她留给我们的《假如给我三天光明》的书，让多少人找到了努力的方向。

假如海伦·凯勒没有失明，没有失去听觉，也许她只是一个普通人，那样的人生在很多人看来或者是完美的，但是假如那样的话，就不会有《假如给我三天光明》这部伟大著作的问世，也不会给许多盲人带来“福音”，更不会有这么一位名人鼓舞着人们前进。

有些人总是以为，已经得到的东西便是属于自己的，一旦失去，就觉得蒙受了巨大的损失。其实仔细想想，一切皆变，在这个世界上没有一样东西能被真正拥有，人最终什么也不带地离开这个世界。所以，人在一生中，如何对待“得而复失，失而复得”的往复，态度很重要，学会如何对待不完美很重要。

或许不是每个人都能接受自己生活中的不完美，或许不是每个人都能看到不完美之中蕴藏着完美，所以，我们要多多学习如何面对生活，如何面对生活中的完美与不完美，用辩证的眼光看问题，多发现生活中的美，少抱怨，多感恩；少烦恼，多快乐；少埋怨，多主动，在完美与不完美之间找到属于自己的一个平衡点。

换种思路看问题，你会发现生活中诸多的不完美是可以改变的。所以，假如你还在为自己拥有的生活感到不满意的话，你需要用自己的努力把这些不完美变成你想要的完美，这才是人生的一种大智慧。

善变不是乱变，灵活不是没有底线

任何事物都是在不断发展变化的，不会一成不变。《韩非子》中有这样一段话："圣人不期修古，不法常古，论世之事，因为之备。"意思是，圣人不希望一切都学习古代，不墨守一成不变的旧规，而是要根据当时情况，采取灵活相应的方法。这说明了坚持与变通的关系。如果不了解事物的变化，制定不出合乎实际的决策，就绝不会收到预期的效果。所以决策者、做事者要根据不同的情况求变，因循守旧、教条主义、经验主义是制定政策的大敌。

圣人不照搬古法，不墨守成规，能根据当时社会的实际情况，制定相应的政治措施，是灵活应变的表现。而人即便有超人的才能，若缺乏随机应变处理问题的本领，做人也是有欠缺的。

孔子曾说："君子之于天下也，无适也，无莫也，义之与比。"就是说君子对于天下的事情，不坚持非要这样做，也不坚持非要那样做，怎么符合道义就怎么做。孔子这段话强调的就是，为人处世要灵活，要善于变通，千万不能过分死板，墨守成规。

史书上记载了这样一个故事。

有人问孔子："颜渊是什么样的人？"

孔子回答说："颜渊是爱人的人，我不如他。"

又问："子贡是什么样的人？"

孔子答道："子贡是有口才的人，我不如他。"

又问："子路是什么样的人？"

孔子说：“子路是勇敢的人。我不如他。”

那人于是问孔子：“他们三个人都比您老先生贤，而他们却为您奔走效劳，这是为什么呢？”

孔子说：“我能爱人又能有原则，我有口才但有时却言语钝拙，我行为勇敢但有时却胆怯。但若拿他们三人的才能，换我的本领，我也是不换的。”

这个故事说明了一个道理，人是有多面性的，优缺点兼有。所以，为人处世应该灵活求变。灵活求变也是需要宽容、理解的心胸的。比如，“仁”虽是爱人，但不能一味爱人，该有原则的时候就要有原则。比如，“忍”是人的美德，但该忍的时候要能“忍”。比如，“勇”的时候要能“勇”，“怯”的时候就要“怯”。就像很多人能言善辩，但有的场合需要“辩”，有的场合则需要表现出“拙”。人若不能灵活求变，不能根据实际情况处理问题，就是墨守成规、刻板的人。

人的思维一旦形成了习惯的定式，就会习惯地顺着定式的思维思考问题。所以，生活中人一方面要有意识地破除自己的“思维定式”；另一方面，还要训练自己具有灵活多变的意识，具体问题具体分析，灵活地解决生活中的难题。

善于求变的人能够积极动脑，及时“制造”出急需的东西，以解燃眉之急，而“不变”会导致失败。

中国有句古话，通则变，变则通，生活和工作中，人们一定要牢记此话，发挥自己的灵活性，这样主动性、创造性就会“变出来”。当然，养成求变和变通的思维模式，不能“善变”，也不能“乱变”，灵活不能违背道义和自然规律，“求变”和变通也要合理、有据、有效；还要符合现实，而不是随意灵活，任意“求变”！

做事要学会灵活变通

无论做什么事情，最好都要有个计划，按照计划行事，一步步地来，才能做到万无一失。但在根据计划行事时，我们也一定要注意，当外在环境发生变化时，我们必须适时地调整计划。也就是说，并非拟订计划之后就万事大吉了，当环境发生改变时，要随机应变。

我们在制订并实施自己的工作计划时，如果只知道死板地依计划行事，就会忽略客观情况，导致计划不能适应外部环境，工作结果也会因此而出现偏差，导致工作不能一次就做对，出现不必要的返工。

如果一个人不懂变通，那就是呆子一个。我们如果不懂变通就会变得迂腐不堪，为人处世的时候就会不得要领，会处处碰壁，徒增烦恼。反之，就会愉快地解决问题。

人是活的，路是死的。如果到了山前没有了路，而是万丈悬崖，你还会不顾一切地闭着眼睛向前走吗？做人不能往死胡同里走。

当你累了的时候，先弯下腰去，歇一会儿，待自己卸下一身沉重的包袱后，再重新起身去面对生活。在生活和工作中，我们一定要认识到执行计划也要灵活变通。

如果一个人只具备完成现有计划的能力，就很可能无法应付未来情势的变化。

我们不但要做好计划，还要为超出计划外的情况做好应对准备。计划本身要具备一定的弹性。比如说，我们在做一个项目的策划时，也要正确预判这个项目可能会出现哪些变故，确保自己能够在变故到来之时不至于乱了手脚。

我们必须要利用收集到的信息不断地更新自己的计划。假如我们手上有一份工作，约定在三天后完成，第二天的时候，我们之前的一份工作又出现了重大失误，需要继续完善，期限也是三天。那么，我们就不能按照那个“三天完成任务”的计划表来，而是要将任务完成的期限提前，好腾出时间来解决新问题。只有这样，我们才能够保证两个问题都能够得到最妥善的解决。

当你遇到一件事无法解决甚至已经影响到你的生活、心情时，何不停下脚步，来想一想是否还有转回的余地。换条路走，事情便会简单很多。如果你只是一味在原地踏步、绕圈，就会让自己一直陷在痛苦的深渊中不能自拔。

生活中我们承受着来自各方面的压力，积累起来让我们难以承受。

这时候，我们需要像雪松那样弯下身来，释下重负，才能够重新挺立，以避免压断。弯曲，并不是低头或者失败，而是一种弹性的生存方式，是一种生活的艺术。

不会转弯，那么，没有一条路能通到罗马。培养一种多元的思维，你的人生旅程就多了很多的幸福之路。生命中总有挫折，那不是尽头，只是在提醒你：该转弯了。

任何事情在解决时都不能死板教条，世间没有绝对的真理，凡事考虑全面些，让思维方式更有弹性，就容易找到因地制宜的解决问题的方法。

在解决不了问题时，采用灵活变通的方法对解决问题会有曲径通幽的效果，所以灵活变通的意识在人的生活中是十分必要的。灵活变通与审时度势是紧密相连的，灵活变通不是抖机灵，也不是自以为是，更不是随意改变想法，而是根据情况，采用其他方法或方式解决出现的问题，并且依事实判断后而定。否则，旧问题没有解决，又添了新问题。

生活中，因循守旧会让自己进入“死胡同”。而灵活变通不仅让头脑灵活，而且思路开阔，可以找到相对比较理想的解决问题的办法和途径。事实证明，敢于独辟蹊径的人，才可能收获别人想象不到的成果。

其实，很多时候，当“山重水复”的时候，只要肯动脑筋，灵活变通，就容易找到“柳暗花明”的方法。人在失败中不能“一根筋”，因为困境中也孕育着成功的机会，关键在于你能不能灵活思考，及时发现转机，并努力把握机会。

世界是复杂的，“真知灼见”只能出自实践，出自客观存在和理性思考，而不可能出自“想当然”。所以在面对问题的时候，要结合自身的情况，换个角度想问题，能借鉴别人的经验最好，如果不能，采取积极灵活的应变措施才是最关键的。

你无法事事顺利，但可以尽力而为

俗话说：“谋事在人，成事在天。”我们虽然无法决定事情的成败，却可以尽自己所有的力量把事情做到最好。尽力而为，就是不放弃、不舍弃。人生路上，很多事情我们无法改变，但是我们可以尽自己的力量去奋力拼搏，去努力做到最好。

人有各种各样的欲望，渴望着成功，渴望着名利双收，可是“人生不如意十之八九”，有些人在失败后有很大的心理落差，甚至由此导致心理扭曲，走上“不归路”。其实，没有人总能成功，也没有人总不成功，不要让自己“吊死在一棵树上”，凡事只要尽力就好。

有些时候不要过于“严苛”，只要尽力而为就好。发现了自己的长处，并每天不断地去努力，去尽力做好每一件事情。

我们要对自身所处的逆境有一个客观的认识和评价。我们所遇到的逆境，有些是可以通过后天的努力加以改变的，但也有些不是通过简单的努力就能改变的。所以，有时候，随遇而安不失为一种洒脱、乐观的人生态度。试想，一个人如果整天在那里幻想，幻想一些不切实际的东西，除了劳心费神、于事无补外，他将一无所获。一个人如果不从实际出发，盲碰乱撞，不自量力，那他最终只能深陷逆境，不可自拔，在自己的人生道路上越走越窄。所以，我们要学会的是，不要因为自己对一些事无能为力而哀伤、遗憾，要知道，每个人的能力都有大有小，任何人都不是全能的，凡事量力而行、尽力而为就好。

不是所有的人都能登上珠穆朗玛峰，也不是任何人都要去摘取金字塔顶端的明珠。山顶有山顶的壮美，山腰、山脚也有其不可替代的美景。只要我们尽力而为，到达了自己力所能及的地点，我们就是成功的。

很多时候并不是成功才有价值，只要你尽力而为了，你就一定能够从中得到收获。

可是，很多人不懂得“尽力而为就好”的道理，他们殚思竭虑地赌上自己的一生，只为了那所谓的成功、所谓的第一。

不是所有的美梦都能成真，不是所有的理想都能结果。在历史的漫漫长河中，有多少人能真正地“至险远之地”呢？早生华发、壮志未酬的人数不胜数，叹息“行路难、行路难，多歧路、今安在”的人更是成千上万。但是，人只要抱定“尽吾志也而不能至者，可以无悔矣”的心态，只要尽力而为、上下求索、屡败屡战，无论最终是否获得成功、是否取得第一、是否“至险远之地”，都可以活出自己无怨无悔的精彩人生！

下　篇

立得正行得稳

第十三章

立得正才能心安

有担当就会有力量

试问一下，我们谁没有梦想？这正是我们内心深处源源不绝的动力，不管沧海桑田，日月变幻，那些曾伴随我们的单纯梦想，犹如油灯，温暖着我们火热的心，只要希望不灭，我们便会为之奋斗不止。

没有人不愿意成功，但综观现实，能够最终获得令人瞩目成绩的，总是少数人。究其原因，不是大多数人没有理想，而是在通往梦想的途中突然懒散下来，要么转变方向，要么因其繁杂的理由，让我们不愿奋斗，从而与成功失之交臂。

一枚硬币有它的两面，每个人的生活也有两面：一面是内心所拥有的如朝阳般的梦想，也就是一个人的内在动力，另一面则是脚踏实地的付出，有了动力的驱使，使我们找到奋斗的兴奋点，点燃我们的梦想，使自己的人生逐步迈向成功。

一个人奋斗的动力，其实来源于我们内心的真实想法。有的人可能是为了生活得更好，有的人为了心中的梦想，有的人为了心爱的人，有的人为了感恩……这些责任的内在动力，会成为我们奋斗过程中的兴奋剂，帮助我们克勤克俭，勇往直前，不达目标不罢休，从而登上成功的殿堂。

鲁冠球出生在浙江省萧山一个贫苦的乡村。15岁时因交不起学费而辍学，后经亲戚帮忙，他被介绍到萧山县（现为杭州市萧山区）铁业社当了个打铁的小学徒。

虽然受到打击，但一定要打出一片天地，回报亲戚、让父母过上好日子的鲁冠球，在没有个体户之说的20世纪60年代初期，他经过15次申请之后，自己开办了一个铁匠铺。在他勤奋的付出中，很快使生意红火起来。在20世纪60年代后期，由于当地需每个城镇都要有农机修理厂，富有经验且有些名气的鲁冠球，被地方政府邀请去接管已经破败的政府农机修配厂。只要能赚钱、做得了的营生，鲁冠球都兴奋地做了尝试。之后10年间，鲁冠球靠作坊式生产出的犁刀、铁耙、万向节等五花八门的产品，使他在艰难的奋斗过程中，完成了最初的原始积累。

到了20世纪70年代，鲁冠球工厂门口已挂上了宁围农机厂、宁围轴承厂、宁围链条厂等多块牌子，员工也达到了300多人。

到了20世纪80年代，打铁匠的鲁冠球却充满激情地看到中国汽车市场开始起步，他奋力调整公司战略，集中力量生产专业化汽车。

在1980年全国汽车零部件订货会上，鲁冠球虽被拒绝入场，但他并不放弃，在会场外摆起了地摊。在闻听会场内正陷入价格拉锯，他便张贴广告，以低于场内20%的价格，销售自己的高质量产品，很快，许多厂家便涌出场外交易。鲁冠球此役获得了210万元的订单。

经过三十余年充满激情的奋斗，当年的铁匠铺发展成今天拥有亿万资产的万向节汽配集团。鲁冠球成为最默默无闻的大赢家，成为名利双收的企业家。

为了回报亲戚介绍一个打铁的营生，为了让父母过上好日子，这些对爱的沉甸甸承诺，化为鲁冠球无穷无尽的内在动力，像号角一样催促着鲁冠球不断超越自己，在奋斗中使早年辍学的鲁冠球，成为一个名利双收的成功企业家。

是啊，我们每个人从出生，迎接我们的就是亲人们的关怀和期望，在他们无微不至的关心与呵护之中，我们走出家门，走向更宽广的世界，而在成长的路上，不断有良师益友的鼓励、帮助加入进来，我们只有将一路的感恩化为动力，在慰藉温暖之中，激发我们挑战困难的勇气，进而获取前进的动力，鼓起勇气努力奋斗，将一切疲惫和怠倦一扫而空，取而代之的是让自己每天清晨从幸福出发，每天傍晚收获满满的快乐而归。

动力是我们奋斗历程中的兴奋剂，能使我们坚定地望着远方，踏实地迈好眼前的每一步，将泥泞的道路，延伸至人生辉煌的金字塔。

只有不停地奋斗才是最可靠的选择

奋斗，是一个人改变命运的前提。也许我们奋斗了，不一定能改变命运，但不奋斗注定是命运无从改变。成功只会青睐坚持不懈地奋斗的人。

奋斗，是一种人生境界，更是通向目标的唯一途径。不奋斗，就会被别人取而代之，奋斗也是改变命运的最明智的选择。

改变命运，收获成功，几乎是所有人的人生目标。而在达成目标、改变命运的过程中，每个人都会遇到诸如受到冷嘲热讽、打击报复、泼冷水等无法言说的阻碍和困难，有时还会有名誉和利益上的损失。正是因为通往成功之路，都不会是一帆风顺的，这条路往往充满艰辛，而凭汗水、泪水甚至血水换来的赢家，总是那些意志、毅力坚定不移、坚持不懈奋斗的少数人。

我们生活在这个多姿多彩的世界，各种事物都在与时俱进中不断更新，我们只有保持那份奋斗拼搏的精神，积极向上，勇敢攀登，自己的命运才会从衰落，暗淡无光之中，变得像茂密葱郁的森林一样，充满生机勃勃。

小蓉中专毕业后，在众多大学生求职也难的当今，她屡屡被拒绝在门外。但她不气馁，屡败屡战，终于被一家企业销售部以1500元的月薪录用。

小蓉没有愤愤不平自己的待遇是录用的大学生的一半，而是起早贪黑研究产品，拜访商家。三个月后，通过她的努力奋斗，她的销售业绩一跃成为全公司的第一名。

就在总经理考虑为小蓉加薪之际，小蓉却在拜访客户途中，被一酒驾司机撞成重伤，加薪不成，反而被公司解聘。

半年后，重新站起来的小蓉，患上了严重的偏头疼。但她没有因此自怨自艾，强烈地想改变命运的她，重新投入寻找工作的奋斗中。几经努力，小蓉进入了一家大型的中外合资企业销售部。无论严寒酷暑，她都在为联系客户、拜访客户、研究产品而奋斗。半年后，她就被提拔为销售副经理。三年后，通过打拼，她不仅拥有令人瞩目的财富，还与自己的“白马王子”携手组建了幸福的家庭。

中专生小蓉，在不屈服于命运、努力奋斗之中，改变了自己的命运，成就了自己的幸福人生。

任何职业，在我们确定了目标之后，就要一步一步从每一件小事开始奋斗，从每一个细节做起。点滴积累，步步努力，扎扎实实地做好每一个细节，追求精益求精。

做事不看实效，只喊口号，或者应付了事、敷衍塞责，都不是真正的奋斗，对自身也不会有实质的改变。我们唯有朝着正确的方向奋斗，然后朝着目标开始奋斗，不怕山高路远，不达目的永不言弃，确信今天的奋斗决定明天的结果，心里萌发梦想的种子，总会在奋斗之中发芽。任何人，改变困窘的命运，没有捷径，唯有不懈奋斗。只有奋斗，才能够给予我们丰厚的回报，体会到奋斗的乐趣。更重要的是，奋斗能成就自己的人生理想，实现自己的价值，找到人生的意义，从而改变自己的命运。

任何困难在披荆斩棘的奋斗者面前，都只不过是一种历练；任何一道坎坷在披星戴月的奋斗者脚下，都只不过是多了一条考验；任何的荣辱得失在奋斗的激情中，都只不过是塞翁失马焉知非福的一时得失；任何挫折于奋斗者而言，只是设法及时反省与补救的良机；奋斗者只坚信灰心丧气是失败之源；患得患失是痛苦之源，唯有奋斗方能改变自己的命运，引领自己走出沙漠的迷茫，走向成功。

奋斗是种子冲破泥土的冲劲，从而改变种子深陷泥淖的命运；奋斗是流水冲击岩石的动力，从而改变流水入海的命运；奋斗是阳光洒满大地的精华，从而成就大地的五彩缤纷；只要我们敢于为理想奋斗、敢于为将来奋斗，敢于越败越勇，吸取经验与教训，取得成功，我们的命运才会得到奇迹般的改变。

人无信则不立

古人说：人无信不立。信用是一个人的品牌，是无形资本。人的有形资本失去了，可以重新获得，而无形资本失去了，就很难再得到了。所以，任何时候，人不要轻易透支自己的信用。

如今，物质已越来越丰富了，但更应“富足”的应是我们的精神家园！面对诱惑，不为其所惑，这是一种闪光的品格——诚信。人人处在社会当中，何不多给彼此一点“诚信”？

诚信与成功是连在一起的。它带给人的或许是万贯家财；或许是功成名就；或许是流芳百世。但是，这一切都不是最根本的，最根本的乃

是心灵的崇高和精神的富足。

一个人如果不讲诚信，不顾诚信，一味追求金钱利益，惯使坑蒙拐骗的“奸商”伎俩，即使能得一时一事之利，最终也会走向名誉自毁、利益均失的地步。生活中许多想要占他人便宜或是欺骗他人的人，最终的结果都是以谎言被揭穿或阴谋被人识破而告终。

言而有信，信中带诚，不仅是人立身处世的根本之道，也是友好交往、互相信赖的基础。好的信誉是一个人生存的无价之宝，而背信弃义带来的只会是名誉扫地，众叛亲离。

请背起“诚信”的行囊，走到天涯，你的心也会很舒坦。

严于律己，宽以待人

“严于律己”，就是说生活或工作中，我们要严格要求自己，在常常反省自己的不足之中，懂得加以改进；“宽以待人”，就是面对他人的各种误解或他人给自己带来的委屈，不心怀怨恨、不过高要求别人，给别人改正缺点的机会；不妄加评论别人的是非，更不会抓住别人的“辫子”不放。严于律己，宽以待人，总体来说，就是告诫我们在为人处世时，要对自己要求严格，对待别人则要宽容。这是自古至今，有识之人在处世立世中的一种思想和主张，被普通大众视为金玉良言，并借以进言他人，抑或自警。

《增广贤文》中有这样一句话：以责人之心责己，以恕己之心恕人。说的就是在为人立世之中，我们要以严格要求别人的态度要求自己，以宽容自己的态度去宽容别人。

历史上这样的哲理典故数不胜数。春秋时期的齐桓公，为了齐国大业，宽容了管仲曾射向自己的一箭之仇，派鲍叔牙亲自前往迎接管仲，厚礼相待，委以重任。得到管仲之后，桓公如鱼得水，如虎添翼，找到了帮他振兴齐国的人。刘巴是一贯反对刘备的人，所有兵将跟随刘备南下时，唯独刘巴却向北投降了曹操。赤壁之战后，刘巴被困在荆州依旧拒绝诸葛亮的劝降，但在攻打刘璋即将破城时，刘备却下了一道命令：“谁要杀了刘巴，我就诛他九族。”因为刘备知道刘巴是一个不可多得的人才，后来刘巴感恩于刘备的宽以待人，果然做了刘备得心应手的尚书令。大凡有大作为、成大事者，都懂得用严于律己，宽以待人来约束自己，心存敬畏、手握戒尺，慎独慎微、勤于自省，宽待他人。

而在现实生活中，对一个有志于事业成功的人来说，严于律己，宽以待人，更是一门不可或缺的人生必修课。我们也正是在这门人生处事最高深、最艰难的修炼之中，才明白吃亏是福，忍让是德，使我们胸襟博大，心宽志广，万事顺达，上下和睦，以充沛的精力投入工作之中，使自己的事业大有成就。

严于律己，宽以待人，是一种谦虚有礼的风貌，是一种胸怀宽广的品质，在善待别人的同时多一分理解，能解人之难，谅人之短，消除隔阂，化解误会，赢得友谊和尊重。尤其是我们生活在这个精彩纷呈的舞台上，每天都少不了会与形形色色的人打交道，我们的所作所为、一言一行都像镜子一样被映入别人的眼帘，我们只有严格要求自己，宽容对待别人，才能得到他人的尊重，让自己的生活里在多了一分动力的同时，也多一分友情的抚慰和温馨。

一个善于严于律己，宽以待人的人，才会跳出个人狭隘的圈子，遵循一定的道德准则和行为规范，严格要求自己、约束自己、修养情操、完善品德，用宽容的胸怀对待他人，胸怀坦荡，凡事主动担当责任，减少工作中、生活中许多不必要的摩擦，在与他人正确的交往中提高自己的道德水平，在工作中绝不会对他人冷眼冷言，更不会疾言厉色，保持一身正气，两袖清风。

严于律己，会将一个心胸狭隘、目光短浅、常常苛责他人之人，修炼得拥有博大明净的胸怀，能容得下世间万象，使自己内心的矛盾、冲突得到解脱，使紧张的人际关系得到和缓；使自己在纷繁复杂的诱惑面前，多一丝沉稳，少一些浮躁；多一些高雅情趣，少一些市井庸俗；多一些高风亮节，少一些功名利禄。在不断完善自我、不断超越自我、不断升华自我的人格和思想，为实现共同的愿景而传递出一种强大的正能量，使轻率错乱的法则得到降低；使如负重载，忧郁寡欢的日子，在豁达的胸襟之中，变得生机盎然。

用微笑来面对一切

微笑是彼此心灵沟通的钥匙，微笑能打开人们心灵的窗户。微笑是一剂镇静剂，能使暴怒的人瞬间平静下来，使紧张不安的人立刻放松下来。对自己微笑的人，他的心灵天空一片晴朗；对生活微笑的人，他会拥有美丽的人生。要懂得用微笑来面对世界。

微笑是社交场合的一种润滑剂。在很多时候，当双方争得面红耳赤、剑拔弩张时，一个微笑、一个眼神或者一句息事宁人的话语，就能够使双方火气顿消，甚至握手言欢。

有一则箴言这样说："一个微笑不费分文但给予甚多，它使获得者富有，但并不使给予者变穷，一个微笑只是瞬间，但有时对它的记忆却是永远，世上没有一个人富有和强悍得不需要微笑，世上也没有一个人贫穷得无法通过微笑变得富有，一个微笑为家庭带来愉悦，在同事中滋生善意。它为友谊传递信息，为疲乏者带来休憩，为沮丧者带来振奋，为悲哀者带来阳光，它是大自然中去除烦恼的灵丹妙药，然而，它却买不到，求不得，借不了，偷不去。因为在被赠予之前，它对任何人都毫无价值可言，有人已疲惫得再也无法给你一个微笑，请你将微笑赠予他们吧！因为没有一个人比无法给予别人微笑的人更需要一个微笑。"

如果你学会了微笑，并形成习惯，那么无论在什么时候都会为你带来好的效果。在心情好的时候，大方自然地微笑，为自己赢得更多的关注与掌声；在心情不好的时候，更应该保持微笑，因为微笑可以帮助自己在最短的时间内恢复心情，而且不会把自己不快的情绪传染给别人。

微笑无须成本，却创造出许多价值。生活赋予了我们很多责任和义务，生活也赋予了我们面对困境的武器，这就是微笑。在困难面前，若能保持平和的微笑，从容应对，就能够战胜一切所谓的困难。微笑着面对诽谤，微笑着面对危险，微笑着面对坎坷崎岖的人生。当你用微笑面对世界的时候，所有的艰辛和磨难不但不能奈何你，反而更衬托出你从容不迫的风度。

拥有达观的生活态度是对自我生命的敬重，是为人处世中的豁达胸怀，是积极向上的乐观心态。达观的人不会过分计较生活中的得失，不会为烦琐小事而苦恼，更不会愁肠百结。这样的人才能在生活面前，展现自己发自内心的微笑。

能够微笑着生活的人，应该是有些幽默感的人，这样的人能有效地传递出心中的喜悦，并感染给大家，让大家快乐起来。要懂得培养自己幽默的气质，来从容应对生活的坎坷。而幽默并非高不可测，只要用心，每个人都能够做到。

只有热爱生活，懂得享受生命的人，才能让自己的人生充满欢乐。热爱生命的人是一个善良的人，热爱大自然、热爱周围所有的人是一个高尚的人。只有付出爱，才能收获爱，因此，要懂得用自己的爱，换回别人的爱，能够在爱中，让自己的人生充满阳光。

在遇到问题时多想想阳光的一面，不要沉浸在阴影里不能自拔。要学会用不同的角度看问题，看阳光的一面，就会得到最阳光的结果，而推开黑暗的窗子，看到的是无尽的黑夜。生活就是这样，你给它微笑，它会回赠你一分明媚的心情。

当我们被生活的阴霾缠绕时，不要忧伤，更不要垂头丧气，因为越是在负面消极的情绪里走不出来，就越笑不出来，心态和情绪也就越低落，这是一个恶性循环的过程。因此，要懂得适时放手，让自己轻松起来，想一些高兴的事让自己笑起来。也许困难会在灵光一闪的时候轻松解决，要明白，怨天尤人、坐以待毙对问题的解决是毫无帮助的，倒不如用微笑来积极改变。

只有心中充满快乐的时候，他的嘴角才会挂着微笑。生活中不是缺少快乐，而是缺少发现，因此，要懂得寻找快乐，从周围的环境中发掘快乐。

懂得微笑的人，才能拥有灿烂的人生。

第十四章

立得正才能平安

看重自己，你就幸福

我们无一例外地都想得到别人的尊重和爱，这是每一个有思维的人都渴望的。的确，只有从别人的身上体会到了尊重和爱，这样的人生才有意义，才会快乐。然而，很多人在追求这种尊重和爱的时候往往忽略了一个非常重要的前提，那就是自尊自爱。

只有懂得自尊自爱的人，在生活中才能树立起自信，才能自强不息。同时，只有懂得自尊自爱的人，才能得到别人的尊重和爱。只有懂得了自尊自爱，才能真正珍惜自己的生命和人格，才会真正意识到生命的价值，从而鼓起勇气面对人生。

有了自尊自爱，就一定可以维护自己的正当权利，并且勇敢地承担起做人的责任。只有做到自尊自爱，才会拥有快乐的人生。

自爱代表着自己爱自己，对自己好一点，从而将自己的生活变得美好、精彩，而且还很有品质和品位。不要因为受到一点点伤害就自暴自弃，也不要为了得到某些东西而妥协，更不要因为别人的不爱而放弃对自己的爱。对于一个人来说，只有懂得了自爱，才能真正懂得如何去爱别人。

自尊自爱并不等于傲慢无礼、目空一切。所谓的自尊和自爱是指尊重和爱自己，也尊重和爱别人。自尊自爱的目的是不让自己受太大的委屈，也不让自己放弃做人的尊严。想要让你的生命有意义，想要获得快乐的人生，那么就必须首先要学会自尊自爱。

生命的价值首先取决于自己的态度。自尊自爱的花朵会开得比花圃中的任何花更美丽。

有一个流浪的小男孩，遇到一位智者，于是问："像我这样的没人要的孩子，活着究竟有什么用呢？"智者交给男孩一块石头，说："明天早上，你拿着这块石头到市场上去卖，记住，无论别人出多少钱，绝对不能卖。"

第二天，男孩拿着石头蹲在市场的角落，意外地发现有不少人好奇地对他的石头感兴趣，而且价钱愈出愈高。最后，小男孩把石头拿到宝石市场上去展示，结果，石头的身价又涨了50倍。更由于男孩怎么都不卖，这块石头竟被传扬为"稀世珍宝"。

男孩兴冲冲地捧着石头找到智者，并问为什么会这样。智者望着孩子慢慢说道："生命的价值就像这块石头一样，在不同的环境下就会有不同的价值。一块不起眼的石头，由于你的惜售而提升了它的价值，竟被传为稀世珍宝。你不就像这块石头一样吗？"

只要自己看重自己，生命就有意义有价值。连自己都不看重自己，别人更加不会尊重你。

努力活出生命的价值，你的身上有光彩，自然会吸引别人的眼球。

谦和的品质，散发人性之美

谦和的品质可以带来美好的人际关系，表现性情的柔美。它可以使你清纯、朴实、优雅，获得别人的尊重和友谊。越是声高名重，就越应该谦虚谨慎，低调行事。

无论在什么时候，永远不要以为自己已经知道了一切。不管人们把你评价的多么高，你都要静下心来。

谦虚处事是待人有礼的表现，为人处世一定要谦虚谨慎，戒骄戒躁，持中和之道，无过、无不及。谦受益，满招损。这是千年以来的古训，也是做人的根本。

范仲淹是宋朝著名的政治家和文学家，他在写作中非常严谨和谦虚。有一次，他写了一篇文章，其中的四句是："云山苍苍，江水泱泱，先生之德，山高水长。"写成后，他请李泰伯给些意见。李泰伯读后连连叫好，但他建议范仲淹改动一个字，把"德"改为"风"。范仲淹思索了一番，欣然同意。

这一个字确实改得很好，因为"风"字表达的范围更宽，而且与前面的"云山"和"江水"相呼应。范仲淹非常满意这一改动，后来把李泰伯称为自己的老师。

从这个小故事我们可以看到，范仲淹之所以能成为历史上的名人贤者，除了其过人的学识本领外，与他谦虚处事的品德也是分不开的。

谦和是一种内在美，它给你儒雅的气质、心平气和的仪态和安定思考的智慧。谦和可以藏丑显美。

谦和的性情不只是美，而且代表着智慧与人性的光明。在你的人格特质中，若能表现出谦和的气质，就会散发出人性之美。

谦虚是一种生活方式，只有懂得谦虚的人才会不断进步。只有谦虚地向别人请教，你才有机会学到你所需要的东西。谦虚是一种处世方式，只有懂得谦虚的人才能在这个纷繁复杂的世界中游刃有余。我们为人处世要以一种虚怀若谷的姿态、谦虚谨慎的心，多向前人借鉴学习，多向身边的其他人学习。

每个人都拥有不同的才能，你拥有这些，并不代表你比别人高明，尺有所短，寸有所长。无论我们拥有怎样的才干，都不能心高气傲，为人处世必须谦虚谨慎，对人对事的态度不能骄狂，更不要乱摆架子，否则就会使自己陷入四面楚歌的境地，被世人讥笑和瞧不起。只有不肆意张扬、平易近人的人才能很好地保护自己，受到世人的欢迎和拥戴。

不要太在意别人的看法

世界上的人形形色色，但这个世界上只有两种人，一种人只为自己而活，另一种人为别人而活。这里的“为别人而活”是说，这种人总是特别在意别人是怎么看待自己的，做任何事都担心会受到别人的批评。

我们要知道，决定权在我们自己手中，别人的意见只能参考。因为每个人站的角度不同，立场不同，所得出的结论自然也就大不一样。我们必须要有自己的主张，冷静分析别人的看法，若是对的，自然要去听，若是错的，就无须理会，坚决按照自己的想法执行。要知道，人一旦没有自我，就会像墙头草，风吹两边倒。

有一天，父亲带着儿子去市场卖驴。驴走在前头，父子俩随行在后，村里的人看了都觉得很可笑：“真傻啊！骑着驴去多好，却在这沙尘滚滚的路上漫步。”父亲听了，觉得很有道理，于是便叫儿子骑在驴上，自己则跟在旁边走着。

这时，对面走来两个父亲的朋友：“喂！喂！让孩子骑驴，自己却徒步，算什么？现在就这么宠孩子，将来还了得！为了孩子的健康，应该叫他走路才对，让他走路，让他走路！”

“噢！对呀！是有道理。”于是，父亲让孩子跟在驴后面走，自己则骑上驴背。一个挤牛奶的女孩看见了，用责备的口吻说：“哎哟！世间竟有这么残酷的父亲，自己轻轻松松地骑在驴背上，却让那么小的孩子走路，真可怜！”

“是啊！你说得有道理！”父亲点头赞同。于是，他叫孩子也骑到驴背上，继续向前走。驴同时载两个人行走，渐渐地有些吃力，腿微微发抖。这时，又有一个人叫住了他们：“喂！喂！请等一下，为什么让那么弱小的动物载两个人？你们这样会把驴累死的，应该扛着它去。”

于是，他们又将驴抬着走。

但现实生活中，确实不乏这样的人，他们总是生活在他人的眼光里，做一件事情，总渴望得到所有人的赞扬。但是，事实上每一个人都有自己的观点，如果试图让所有人都满意的话，结果什么事情都做不成。

人是不可能让所有人都对你满意的，即使已经尽全力去做，还是会有让别人抱怨的地方。因此，一个人要想有所作为，永远要记住，不管别人怎么说，我们都要勇敢、坚定地走自己的路，绝不活在他人的眼光里。

我们不应该生活在他人的眼光中，我们所做的事情，没有办法让所有人都满意。每个人的欣赏水平、欣赏角度不一样，对同一事物的评价也是各不相同，所以，我们不能丧失自我去迎合他人，而要有自己的主见。

在追梦的路上，我们应该做自己，不要活在别人的眼光中。真正成功的人生，不在于成就的大小，而在于是否努力去实现自我，走出自己的道路。更何况，人生是我们自己的，我们没必要把选择权交到别人手上。用自己的人生取悦别人是没有意义的，因为无论我们怎样做，别人也不会百分百的满意，只有我们活出自我，别人才会改变看我们的眼光。

总之，人如果太过敏感，那必然会活在别人的眼光里。唯有做一个内心豁达的人，我们才不会为难自己，我们才能活出自己的精彩人生。

学会沉默，不战而胜

沉默的力量是巨大的，面对“沉默”，所有的语言力量都像打在棉花上。要懂得在适当的时候沉默，不战而屈人之兵。

思想家说，沉默是一种美德；教育家说，沉默是一种智慧；文艺家说，沉默是一种魅力。沉默的内涵实在是太丰富了，它使人深邃，而深邃的人更趋向成熟；沉默是一种伟大的力量，它使人充实，而充实的生命才会永远年轻。麻木不是沉默，蔑视也不是沉默，昏睡更不是沉默。沉默既是一种气质，也是一种风度，更是一种品格。

有人常说，只在有人的地方，就会有斗争。这不是新鲜事，从远古时代开始，人类就是在弱肉强食的竞争中生存，社会发展到现在，虽然不会有胜者王败者寇的争斗，但并不意味着人与人之间就完全能够和平相处。因此，聪明的人懂得做好面对不怀善意的心理准备，自己不会主动去攻击对方，但一定要有保护自己的“防护网”。

人要懂得在适当的时候沉默，而沉默主要有两个方面：一个是“装聋”，另一个是“作哑”。

在听到不顺耳的话时，反唇相讥往往落入对方的陷阱，假如自己不回嘴，他自然就会觉得无趣了；他如果一再挑衅，只会显得他无理取闹。在这种情况下，你以沉默应对，对方多半会在几句话之后就仓皇地“且骂且退”，离开了现场，而你再装出一副听不懂的样子，并且发出“啊”的疑问声，更能让对方迅速“败走”。这就是“作哑”。

不过“作哑”不难，要“装聋”才不容易，这需要培养自己对他人的言语“入耳而不入心”的功夫，否则心中一起波澜，克制不住自己的情绪，反身攻击也是可能的。

装聋作哑其实就是装作不知道，而是对别人的话装作没有听到或没有听清楚，以便能够避实就虚、出奇制胜。装聋作哑的表现就是自己说辩的锋芒不传递攻击性的信息，而是通过打击、转移对方的说辩兴致使之无法继续设置窘迫局面，能够化干戈为玉帛。

学习装聋作哑，除了能不战而胜之外，还能够避免自己成为别人攻击的目标。而一旦习惯了装聋作哑，就会养成不去找别人麻烦的习惯，于人于己都有好处。

在人际交往中，有许多场合都可以使用“装聋作哑”的办法，躲开别人说话的锋芒，然后避实就虚、猛然出击。

要会用适当的装聋作哑来缓解尴尬的局面，在受挫时会选择沉默让自己镇定下来，在沉默中反省自己，在沉默中变得坚强，在沉默中撞击新的火花；在成功时也选择沉默，因为在沉默中能够冷静思索，能在沉默中认清自我，在沉默中寻找新的起点，在沉默中确立新的目标。

沉默会让其他人不自在，而人是追求诠释和解释的，他们想要知道你在想什么，如果在这时小心翼翼地控制住要吐露的讯息，他们就无法洞察自己的意图。借助言语想要驱使人们去做自己希望的事通常是行不通的，在人生绝大部分的领域内，说得越少就越显得神秘。因此，聪明的人懂得闭上嘴巴，这样反而更有机会获得成功。

但是沉默并不是简单的指一味地不说话，沉默是一种成竹在胸、沉着冷静的姿态，给人一种优势在握的压迫感，从而稳操胜券。要懂得“沉默是金”，因而善于利用沉默来达到自己的目的。

第十五章

立得正才有好人缘

使你成为受欢迎的人

无论是在生活或者工作中，我们都希望自己能够成为一个受欢迎的人。我们也都希望自己有许多知心朋友和我们一起分享快乐，承担痛苦。

实际上，想让自己成为一个受欢迎的人，一味地取悦别人并非是最好的办法，关键是要培养你的特质。卡耐基认为最好的让别人喜欢自己的方法，就是使自己变得讨人喜欢。

人际交往中，别人喜欢或者憎恶你，是由你的社交水平、品位以及为人处世的方法所决定的。同时，它也可以决定你事业的成败。所以，在人际交往中，为了能有效地赢得他人的好感，避免惹人生厌，应注意从以下几个方面陶冶、约束个人的品性和修养。

谦恭自律，不要争强好胜。初入社会，年轻人接受新知识新观念快，富有开拓创新精神，这是一种难得的优势，但如果把这种优势误作为追名逐利、哗众取宠、恃才傲物的资本，就很容易走入狂妄自大、争强好胜的误区。在社交场合，无论自己的知识多么丰富，口才多么犀利雄辩，你都应该时刻以谦恭的态度严格约束自己。这样，个人的威信和形象不仅不会受到影响，反而还会使你获得很好的人缘。

学会独处。你可能会感觉到奇怪，但这与如何受人欢迎并不矛盾。试想，一个人如果不能和自己好好相处的话，又怎么能期望他好好地和他人相处呢？

知道如何欣赏他人。培养一种将别人视为独立个体的能力，并欣赏这种个性的差异。要知道，我们每个人身上都有不同于别人的足以让对方尊敬和钦佩的长处，但你只有先找出别人独特的地方，你才会欣赏别人。

培养享受成功的习惯。在你的日常生活中，时常回味一下自己所做的事情，并时常期待美好事情的发生，如果事情的进展真的如你所料的那样，就好好地庆祝一番，继续强化你愉快的感觉。

得理饶人，不要针锋相对。有些人遇事容易激动，尤其在自以为正确的情况下，更易理直气壮、咄咄逼人，这种处世方式是很不受欢迎的。要知道，生活中每个人都有心气不顺的时候，如果对方所说的话让你感到不悦甚至反感，不妨充耳不闻。假如对方的行为，让你觉得不顺眼，不妨视而不见。何必过分认真、锱铢必较，定要报以尖刻的话呢？

意见相左时，敢于直面对方。对于你认为很重要的事情，如果别人和你持相反的意见，就直面他们。这对你得到别人的认同有很大的影响，通过这种方式让别人知道你具有坚定的信念和成熟的判断力。如果你没有自己的观点的话，将很难成为一个受很多人欢迎的人。

尝试培养关怀别人的能力。和别人的生活建立一种密切的关系，这将会使你的生活更丰富，也会使你更可爱。

勇于塑造理想的自我。你是一个完全独立的个体，你不要把自己看成是别人生活的牺牲品，也不要把别人看成是你生活的附庸。你与别人一样享有同样多的自我创造的能力，这种能力会使你和别人同样可敬。

控制自己的情绪。情绪不稳定是人际交往中的一大杀手。实际上，当你不能改变别人的时候，你完全可以控制自己的情绪。此外，你不要总是认为他人就该承受你变幻无常的情绪，因为如果你自己都不能控制你自己的情绪的话，他人更是会退避三舍，逃之夭夭。

检点言行，不要打探私事。特别是刚踏入社会的人，对什么都感到新鲜，殊不知社会的复杂，每个人为了保护自己的安全，有许多事情是不希望别人知道的。所以，除了对很亲近的人或者很熟悉的朋友外，一般不要去询问别人的私生活。假如对方愿意把事情告诉你，你千万不要把知道的“私事”当成新闻一样到处传播。

欣赏别人是种难得的修养

当你初次和别人接触的时候，你会觉得多数人都没什么特色，都很平庸。然而，时日一长，有了更深的接触交流，只要你用心去观察别人，就会发现，其实每一个人都有着自己的优点，每一个人都有着其吸引人的优秀品格，你会感叹，原来这个世界绝大多数的人都是那么可爱，那么有趣。

一个人往往容易看到自己的优点，并引以为荣，而难以看到自己的缺点；相反，在看他人时，却是往往容易挑出其缺点，而难以找到其优点。如果只凭感觉去看待他人，往往就得不到真实的认识。为了弥补这一点，我们在看待他人时，不妨有意识地去发现并放大其优点，这样会让我们的人际关系更为融洽。

学会欣赏别人的优点，不但体现着我们对别人的尊敬，更重要的是，它也许就是一个人生命中的阳光，照耀一生。欣赏，如同航海中的灯塔，指引着迷失的人们，让他们获得前进的勇气，看到走向成功的希望，从而拥有一个明媚的未来。如果在一个人的人生道路上，得不到他人的欣赏和肯定，那么生命之花就会枯萎，天才也会被埋没。

露丝用了很长的时间写了一部小说，然后送给一位著名的作家，希望能得到他的教诲。她来到了作家的家里，作家很热情地接待了她，因为作家视力不太好，露丝就念给作家听。很快，她就读完了，停了下来。

作家问："结束了吗？"

"听他的语气，似乎渴望能有下文！"想到这里，露丝立刻产生了灵感，回答说："没有啊，后面的部分更精彩。"于是，她就根据自己的想象继续往下"念"。

过了一会儿，作家又问："结束了吗？"

露丝心想："作家肯定是渴望把整个故事听完。"于是，她就继续向下"念"。

如果不是突然响起的电话铃声打断了她的话，她会一直“念”下去的。作家因为有事需要马上出门，临走前，作家说：“其实你的小说早该收笔，在我第一次询问你是否结束的时候，就应该结束。何必画蛇添足呢？看来你缺少作为一名作者最基本的素质——决断。决断是当作家的根本，拖泥带水的作品怎么能打动读者呢？”

听了作家的话，露丝后悔莫及，心想：“看来自己不适合从事写作的事，还是放弃吧，为自己重新找一个方向吧！”

很多年后，露丝从事了绘画的职业，但是她从心里还是喜欢写作。

一个很偶然的机会，露丝结识了一位更著名的作家，当露丝和他谈及当年给作家念小说的事情时，这位作家惊呼：“你能在那么短的时间里编出那么精彩的故事，真是不容易呀！这是作为一个优秀作家应该拥有的最基本的能力！而你放弃了写作，实在是太可惜了！”

就这样，因为缺少被欣赏，没有得到及时的鼓励和认可，一位很有潜力成为作家的苗子就这样被扼杀在了萌芽阶段。看来，欣赏对于一个人的成长实在重要。

欣赏你的朋友，你们的关系会更加亲密；欣赏你的同事，你和同事会合作得更愉快；欣赏你的下属，下属工作得会更加努力；欣赏你的爱人，你们的爱情会更加甜蜜；欣赏你的孩子，说不准他也能成大器……学会欣赏他人并不难，只要在他们最需要鼓励的时候，说一句肯定的话就足够了。

学会拒绝让你受益无穷

一个人勇敢、智慧地走过风风雨雨，在不断的得与失的较量中，有一个字，如果用得好，会受益无穷，这个字就是“不”！

学会拒绝是一种豁达，一种明智，更是一种自尊。学会拒绝，才能活得真真实实、明明白白。

中国人好面子，一个“不”字很难说出口。他人请你帮忙，明明自己做不到，还是硬着头皮答应下来，结果是弄得自己疲惫不堪。因此，不会说“不”往往会使自己陷入被动。

学会拒绝是人生交际中必不可少的一项重要内容，是一个人走向成熟、成功历程中必经的驿站。比如如果你对酒十分反感，而你的朋友却极力游说你去参加一场聚餐豪饮；如果你一向歌喉平平，而你的朋友却热情邀请你一起去唱卡拉OK……此时此刻，如果你对朋友的要求或约请直截了当地拒绝，不仅自己感到过意不去，也会令对方感到尴尬，甚至容易造成对对方的伤害，从而导致友情的破裂。但是如果我们巧妙地采用一些委婉的拒绝方式，把自己的意图隐晦地表达出来，让生硬的拒绝有了一副温柔的面孔，就可以把拒绝带来的遗憾缩小到最低，既不伤害对方的自尊心与感情，又取得对方的谅解、支持，从而增进情谊，实现人际交往的双赢。

想要受人欢迎，一定要学会恰当地拒绝。那么，应该如何恰当地拒绝他人呢？

不要怕拒绝，更不要为难。如果朋友因为你拒绝聚会而疏远你、不理解你，那这样的朋友不交也罢。拒绝是对他人负责，也是对自己负责，何苦委屈自己呢？

当你拒绝他人的要求时，要特别注意礼貌。通常你要感谢人家的好意，然后给个理由，说明为什么无法接受邀请，最后诚恳地道歉。能力之外的事情，一定要及时巧妙地拒绝，否则便会让自己陷入更加难堪的境地。

当然，拒绝或者表示反对意见也是有技巧的。要敢说“不”，更要善于说“不”。要让别人感觉到你拒绝的是这件“事”，而不是他这个人。这件事情虽然被拒绝了，但并不损害你们之间的情感。让别人意识到你是为了他的“利益”才拒绝的，产生这样的效果是拒绝别人的最高境界。

拒绝要明确坚决，不能含糊其词。不能做到就要明确地拒绝，不要含糊其词，模棱两可，更不可刻意拖延，这样只能失去他人的信任，对你产生不好的印象。

给自己留条退路。有时候，如果不方便断然拒绝，那么你可以试试模糊应答。模糊应答的功效在于，既给对方留下一点希望之光，不至于太失望或太难堪，也给自己创设了一块“缓冲地带”，回旋余地大。如果对方请吃饭，你不想去，那么你可以委婉一点地拒绝，比如说：“我今天有点累了，这样吧，要是这个周末有空的话，咱们再聚吧！”这样一说，对方也能够理解，也给自己留了条退路。

请人转告。巧妙地利用“第三者”来转达你当面难以拒绝的事情。这种方法一般用于当他人有求于你，而你又不好当面拒绝，或自己亲口说不合适的情况，这时就可以利用第三方作为“中介”，巧妙地转达你的拒绝。比如你的一位朋友邀请你去参加他的生日宴会，你原本已经答应了，可是在宴会上偏巧有一个你非常不想见到的人，你想拒绝参加宴会，又担心让朋友不高兴，那你就可以找一个你们共同的朋友，带上你要送给那个过生日朋友的礼物，向对方表示你无法参加宴会的歉意。

设置前提，争取主动。对于好朋友，断然拒绝显然不够朋友，模糊应答也有狡诈圆滑之嫌，那就不如快人快语，先给对方设置一个前提，争取自己限时脱身的主动权，让对方明白你是一个讲条件的人，也就不好勉强了。

实话实说。实话实说，做真实的自己，不喜欢就说出不喜欢的理由。说不定，你这么做会得到他们的理解和认同。否则，你要是真的有时间，他会改进他邀请你的条件。如果你说怕晒，他说去室内；你怕热，他说有冷气……那么你反而被动了。

巧妙的拒绝，不仅能让你的人缘变得更好，还能显示你的修养。有一种获得叫失去，有一种接受叫拒绝。不会拒绝就不会有真正的收获。

拒绝，是一种自己赋予自己的权利。

他人的“逆鳞”不要碰

谁人无短处？对于自己的短处，我们自然不愿意别人提起！同样道理，我们也应该不提他人的短处，揭别人伤疤。所谓“己所不欲，勿施于人”，揭短不仅惹人讨厌，还会损害自己的形象。

我国古代有个关于“逆鳞”的典故。逆鳞是龙喉咙下面直径一尺的部分，龙身上只有这一处的鳞是倒着长的。无论是谁触摸到这个部位，都会激怒龙，被它吃掉。其实人也是如此，无论一个人的出身、地位、权势和风度多么傲人，也都有不能被人言及，不能被冒犯的角落，这个角落就是人的“逆鳞”。

人们因为成长背景的不同和经历的迥异，因此都有自己的缺陷和弱点，可能是天生的不可改变的身体缺陷，也可能是隐藏在内心深处的不堪回首的经历，这些都是他们不愿提及的“疮疤”，是他们在社交场合极力隐藏和回避的问题。要知道，任何人都不想被击中痛处的，这对任何人而言，都是一件令人不愉快的事。因此，不要揭人之短，揭他人伤疤，更不要用侮辱性的言语加以攻击别人身上的缺陷。即使非得提及，也要用委婉的言语来谈论。

很多人可以吃闷亏，但就是不能吃“没面子”的亏。任何人都是这样，不会让自己的面子挂不住的，在他们看来，面子就是尊严的象征。所以，在激烈的竞争中，人与人之间还是应该保持和睦，尽量避免口舌争端。因为人在吵架时最容易暴露自己的缺点，在争吵中，双方在众人面前互相揭短，使各自的缺点都暴露在大庭广众之下，无论对哪一方来说都是不小的损失。

日常的工作和生活中，我们常常听到别人谈论他人，在这种情况下，我们首先能够做到，以善意的态度劝告他们不要背后议论别人，尽量缩小议论的范围，更不会以讹传讹。还要懂得回避对他人的议论，在不得已必须做出评价或说明时，也只是点到为止。而不是主动挑起话题，甚至添油加醋一番。要能够避免不必要的猜测和误解，在这个问题上，还需要有自己的主见，有不怕被嘲弄和孤立的精神，应该认识到，随声附和别人的议论是大错特错的。

所谓“打人不打脸，骂人不揭短”，在与他人交往时，要注意一些不能被提及的“禁区”。避讳不仅是处理人际关系的技巧问题，更是对待朋友的态度问题，尊重他人就是尊重自己。为自己留些口德，避免“祸从口出”。

尊重别人，为自己创造机会

我们都懂得尊重他人的道理。问题是，当我们面对的人是比自己贫穷、愚钝或者不那么漂亮的人，甚至是不喜欢你的人，你还会像对待父母、朋友、领导那样尊重他吗？

没有人会拒绝别人对他的尊重，相反，人人都喜欢对人有礼貌，懂得尊重人的人。

约翰是名推销员，他经常到一家药品杂货店推销自家公司的产品。

每次进店找店主前，都必须先经过柜台。约翰总是面带微笑地和柜台的营业员——一个卖饮料的小男孩，主动打招呼。

有一天，约翰照例到店里推销。和小男孩寒暄几句之后，约翰去找店主。不料，店主对约翰说，以后不用再来推销了，因为他认为约翰公司的产品不适合自己的店。约翰只能悻悻离开。

约翰沮丧地开着车在街上转了很久。最后，他决定再回到店里，再争取争取。

到了店里时，他照常和柜台上的营业员打过招呼，不过这次，小男孩主动走出柜台，替约翰敲响了办公室的门。店主见到约翰非常高兴，告诉他要购买他的商品，而且要与他们公司展开长期合作。约翰喜出望外，又疑惑不解。店主解释说，约翰走了之后，小男孩就到办公室里告诉他，约翰是唯一一个到店里后会跟他打招呼的推销员。这样的人人品肯定不会差，和他做生意，会放心得多。

从此以后，店主和约翰不仅成了彼此信任的生意伙伴，也成了亲密的好朋友。

约翰说：“我永远不会忘记，关心、尊重每一个人是我们必须具备的特质。”

推销员用他的尊重之心赢得了别人的好感，继而为他打开机会之门。关心别人、尊重别人必须具备高尚的情操和磊落的胸怀。

“要尊重每一个人，不论他是何等的卑微与可笑。”这种尊重，与对方的身份地位无关，而事关我们自身的修养。

要做到懂得尊重所有的人，内心一定要简单、善良。要摒弃世俗的标准，不用金钱、地位、权势这些东西来衡量一个人的价值。在简单的人眼中，对方值得尊重，仅仅是因为他和自己一样，都是有血有肉的人。面对他人的苛责，善良的人更容易体谅对方的处境，也更容易原谅对方。尊重别人，便是尊重自己。

当你用诚挚的心灵使对方在情感上感到温暖、愉悦，在精神上得到充实和满足，你就会体验到一种美好、和谐的人际关系。你就会拥有许多的朋友，并获得最终的成功。

第十六章

行得稳，不慌不乱，宠辱不惊

机遇在不知不觉中降临

拿破仑说过：卓越的才能，如果没有机会，就将失去价值。事实证明，生活中有很多人因缺乏抓住机遇的能力而一辈子碌碌无为。

机遇是一个人一辈子的最大财富。有的人因为抓住了机遇，从此改写自己或平凡、或渺小、或悲惨的命运，而跃上光芒四射的成功圣坛。

许多人抱怨老天不公平，觉得他人总是那么幸运地就能获得老天赐予的机会，而降临到自己头上的机会却少得可怜，连机会的尾巴都没抓住就从指缝里溜走了。

事实却不是如此，不是一加一等于二那么简单。机会其实对于每个人都是公平的，老天在给了我们一些磨难的时候，必定会给予我们一些希望；老天在给予我们一些缺陷的同时，也会赐予我们一些天赋，只要我们认真探索，善于捕捉可遇而不可求的机遇，往往成功与失败就在这电闪的一念之间、一行之间。

一个人若要想获得成功，只一味地苦干、实干还远远不够，还必须善于发现机会、抓住机会。当机会从我们身边经过时，还要看我们有没有一双慧眼去发现它，并不失时机地抓住它，因为机会一溜烟就消逝了，我们及时抓住了，自己也就成功了，没有抓住就一辈子碌碌无为。所以，失败者总是在等待机遇，让机遇白白溜走让自己深陷迷茫，而强者却善于抓住机会，在机会中一改过去的渺小而让自己立于不败之地。

机遇，往往就在电闪雷鸣一瞬间，当它来时，往往使人不易察觉，这就需要我们用心去识别、去寻找、去创造。倘若我们没有及时把握，错过一瞬，便是一生一世。

机遇是一扇门，每个人都平等地拥有，关键在于当机会叩响我们的门窗时，我们是在沉睡，还是醒着，并且是否立即起身开门迎接。许多人之所以被称为聪明，就是善于抓住稍纵即逝的机遇，从而拥有一切；而称之为愚昧的失败者，往往让机会成为闪电，从自己眼前一晃而过，让成功与自己擦肩而过。因此，聪明人与愚昧者之间的关键区别，也仅在于当机遇来临时，是否能够当机立断，是否没有丝毫的犹豫，果敢迎接挑战的勇气，果断地抓住它，让自己的脚步迈向不远的成功门槛。

每一次机遇的到来，对任何人来说，都是一次严峻的考验。它不仅需要我们具有坚实的功底和知识储备，更需要我们在看到机遇的时候，拿出拼搏和应战的勇气来。抢抓机遇，将机遇转化为发展，则可突破现实的瓶颈，才能在争夺发展机遇与空间的竞争中赢得主动。反之，无所作为，或者不善作为，再好的机遇也将白白丧失。如同赛车，许多人抓住了机遇，在人生的转弯处超越了别人，更超越了自己，从而将许多人甩在后面，脱颖而出。而有些人则将降临在身边的机遇，让它白白溜走还不自知，还在抱怨老天不公平，让机遇从自己身边溜走，于是在人生的转弯处便落在了别人的后面或者坠入山谷。

机遇与那些不想改变，安分守己，不思进取之人无缘，因为这群人发现不了机遇，即使机遇在他们面前，他们也总是犹犹豫豫不敢去抓，机遇也总是闪电般与他们擦肩而过；反之，喜欢思考，喜欢冒险，不断地尝试，不断挑战的人，总是能创造机遇，并牢牢抓住机遇，在不断改变之中，成就自己卓越的一生。

机遇对每个人都是公平的，就像时间一样给予我们每个人的，不多不少，都是同样的一天24小时、一年365天。成功与失败只是一念之差，那便是在于一个人是否能当机立断，为稍纵即逝的机遇立即采取行动。通常，一个有成功欲望的人，对机遇是敏感的，机遇一到便会牢牢抓住，或者主动去寻找机遇、挖掘机遇；而失败者却常常瞪大双眼痴痴等待机遇，当机遇在茫茫等待中悄悄溜走、与自己擦肩而过时，也浑然不知。机会造访每一个人，能够及时活用的人少之又少。

机遇是可遇而不可求的，但它却是我们成功的垫脚石，时不我待，当它火花般一现时，我们要立即腾出双手抓住，与它一起绚丽舞蹈，让它引领我们，迈向成功的大门，创造属于自己的辉煌，将成功的桂冠戴在自己头上。

只有放松，才有能量

在生活节奏日益加快的当今，压力过大已经成为严重损害人身心健康的罪魁祸首之一。据报道，一项最新研究证实，一个长时期处于压力之中的人，思维易陷入紊乱，破坏大脑皮层的兴奋与抑制的平衡，使人体免疫功能下降，其动脉脂肪沉积等病变的风险比普通人要高两倍，严重损害健康。

在正常情况下，我们的身体机能会本能地进行一些抵御反应，诸如一些具有锁定并杀死病毒的细胞开始发挥正常功能，进而启动免疫系统进行防范。而一个人面临的压力过大时，凡事喜欢往坏处想，往往强迫自己达到目标；体内的荷尔蒙就会大量激增，可导致身体免疫系统彻底崩溃，直至威胁到我们的健康，甚至生命。

曾几何时，令人羡慕的优雅白领阶层，在各行各业激烈的竞争中，背负着工作岗位赋予的神圣使命和工作重担，逐渐形成一种不断挑战自我的文化意识，因而造成常态性的工作压力。长期面对电脑久坐、缺乏运动等原因，再加之电脑附属物，使颈椎病、痤疮、色斑等职业病，渐渐成为白领一族的首要健康杀手，有的甚至威胁到白领阶层们的生命。

随着市场经济的发展，各行各业发展快速、不断追逐新的技术，员工经常加班、熬夜，造成员工莫名其妙的心烦意乱，为工作、生活中的一些微不足道的小事而生气、紧张、恐惧、多疑，面部表情变得生硬、冷漠，工作热情完全丧失，情绪烦躁，抑制人体免疫系统功能的正常运作，使人更容易受到流感等病毒的侵袭。

压力过大还会导致人体内一些细胞死亡，使人体内激素水平下降，从而催使皮肤老化，容易造成早衰早老。尤其是长期工作在办公室的“白骨精”，鲜花一样的年纪，却是一副苍老的面容，这不能不说是一种悲哀。

我们只有放下压力的负荷，才能保持体内激素的正常代谢，让自己健康的体魄、健康的心灵，充满活力、创造力，创造出令自己都意想不到的成绩和惊喜。

俗话说，人无压力易轻飘。没有一点压力，往往会使人疲疲沓沓，懒懒散散，一事无成。适度的压力变成动力后，反而会催促人努力，进而促使人成才、成就一个人的一番作为。然而，压力过大，超出一个人的负荷，轻则引起不良的情绪反应，重则会影响心理健康，使人抬不起头，喘不过气，背上沉重的包袱，变得颓废自卑、萎靡不振，甚至出现失眠、头疼等症状，就如同吹爆的气球，总有一天会崩溃，更谈不上水平的正常发挥。

一个人背负的压力过大，神经就会条件反射地紧绷，使自己对眼前的事务难以专心致志、从容自如地应对，甚至会对所从事的工作丧失兴趣，漠然、消极的怠慢态度不利于工作水平的发挥。

过大的压力，拘谨的紧迫感、压抑感，易使人情绪不稳定，喜怒无常，使自己的思维陷入僵局，很难扩展开来；心情抑郁、烦闷，波动起伏不定，顾此失彼，患得患失，前怕狼后怕虎，在犹豫之中徘徊，很难做出当机立断的果敢行为。

尤其是当今生活节奏在不断加快，来自各方面的压力越来越大，已明显给人们的精神、工作带来沉重的负担，也因压力过大所导致的职场人员精神萎靡、神情恍惚、抑郁焦虑、心烦易怒、动作失调乃至神经紊乱、精神失常和记忆力减退、注意力涣散等一系列“隐形瘟疫”，已对职场人们的身心健康构成了相当大的威胁。

压力大，就意味着管束和限制加大，没有一个宽松的环境，使自己的能力能得到自主发展、全方位思考，导致无法发挥一个人的本身价值和水平，它会削弱一个人的积极性，有时甚至会迫使一个人走向极端，精神崩盘。

一个人背负的压力过大，是对自身心理承受能力、抗打击能力的一个巨大挑战，会抹杀自己的积极性、创造性、主动性，我们只有放下生活、工作带给我们的过大压力，让身心在一个轻松的环境下全方位思考，在正常水平得以发挥的基础上，才能引领当下潮流，把握当下局势，缔造属于自己的光辉事业。

不以物喜，不以己悲

在人生旅途中，如果人能把什么欲望都减一分，便能超脱物欲羁绊。而超脱了物欲的羁绊，人的精神就会澄澈清明，进而做到大彻大悟、和谐持中，宠辱不惊。

在现实世界中，很多人总是被种种物质利益所束缚，或为名，或为利。而许多人在名利面前，似乎也毫无抵抗能力，对于外面诸多诱惑，也缺乏防御之心。

人的生命是有限的，每个人来到这个世界上，什么都没带来，也不会长生不老，人逝去那一天，同样也带不走任何东西。

人如果在名利面前，始终保持一颗平常心，不论是得利还是吃亏、受诋毁还是被赞誉，不论是吃苦还是享乐，心都能够不为之“起伏”，就会达到人生的最高境界。

生活中，应时刻保持一颗平常心，时刻提醒自己“不以物喜，不以己悲”，尤其要做到不为名累、不为利累。

其实，任何人的人生都不会是一帆风顺的，生活中也不会天天都是“好日子”，所以，人要尽量做到宠辱不惊，保有平常心，喜不张狂，怒不失态。少生几分戾气，多生一些祥和；少生几分狂躁，多生一些宁静。

生活在社会中，人每天都会遇到很多的事情，快乐的时候像是品尝到了幸福的味道，痛苦的时候又有了迷失了人生方向的烦扰。其实，人最需要的是一种不以物喜、不以己悲的心态，如此才能在人生中走得更远、更好。

可是，人要想真正做到不以物喜、不以己悲，是需要不屈的毅力和极大的勇气的，这也是对一个人的考验。

不以物喜不是对所有的事情都视而不见，不以己悲也并非是自己不思进取，而是人不应患得患失，要有看淡一些的胸怀。

居里夫人一生中获得各种奖金10次、各种奖章16枚、各种名誉头衔

117个，但她全不在意。有一天，她的一位朋友来家里做客，看见她的小女儿正在玩英国皇家学会刚刚颁发给她的金质奖章，于是惊讶地说："居里夫人，得到一枚英国皇家学会的奖章是极高的荣誉，你怎么能随便给孩子玩呢?"居里夫人笑了笑说："我是想让孩子从小就知道，荣誉就像玩具，只能玩玩而已，绝不能看得太重，否则就将一事无成。"

正是这样一个不以物喜、不以己悲的妇人书写了自己的恢宏人生，在科学领域，她所达到的成就数不胜数，而她从来都没有"在乎过"。作为一名科学家，她所看重的仅仅是自己的科研成果有没有造福世界，有没有为人类造福。

不以物喜，人才能看清楚自己前进的方向；不以己悲，人才能更好地发挥自己的优势。人生的喜怒哀乐都是常态，看清楚、想明白之后就没有什么大不了的。生命短短数十载，为社会、为人类奉献非常重要，而功名利禄生不带来、死不带去，所以，做好自己最重要的角色为佳，让自己在生命中的每一天都充实一点、努力一点、认真一点，快乐而健康地生活。

不随波逐流，树立自己的个性标签

一味地随波逐流，会让我们失去独立思考的能力，会让我们失去做人的最根本。而坚持原则，坚持真理，不随波逐流，更是一种勇气和精神。这样做的确会冒得罪他人的风险，也难免会因得不到他人的理解而受委屈，然而这种公正的品德终会赢得世人的尊敬。

环境是因人而变的。只有那些勇于改变环境的人，不满足于自己的处境，想方设法去改变它，才能让自己和周围环境一起成长，最终成为社会进步的主流。

勇敢做自己可不是件容易的事。人生不可能一帆风顺，但不管世俗的眼光怎么看，无论遇到多少艰难困苦，哪怕被归为异类，只要认为自己所做的事是正确的，我们就应该大胆去做，唯有如此，才能保持自己的个性，才能脱颖而出。

社会上的很多人，总是因为太在意别人的眼光而做事畏首畏尾，放不开手脚，也会因为被批评不够“合群”，被“孤立”而黯然神伤。很多人为了与周围的人达成一致，而隐藏真实的自己，向别人妥协，被人牵着鼻子走。

有一种行动敏捷又聪明的螃蟹，可以从任何一种捕蟹笼中脱身，因此很难被抓到。但是，为什么每天仍有成千上万只这种螃蟹被捕捉呢？

这种捕蟹笼是用铁丝做的，顶部被开了一个洞，底部放着诱饵，然后把笼子放在水里。一只螃蟹爬了进来，开始大口地嚼着诱饵，第二只螃蟹紧随其后，随后是第三只，第四只……不一会儿，所有的诱饵都被吃光了。

这个时候，螃蟹其实可以很容易地从笼子的四壁爬上去，爬出洞口，但它们选择留在了笼子里。虽然诱饵早已被吃光，但仍会有越来越多的螃蟹爬进来。

如果有一只螃蟹认为没有待在笼子里的必要，打算离开，其他的螃蟹就会群起而攻之，阻止它爬出去。它们会把那只打算离开的螃蟹从笼壁上拉下来，如果它坚持要爬出去，其他的就会扯掉它的小爪子，不让它爬。如果它仍然坚持，它们就会把它杀死。

由于大多数螃蟹的阻挠，这只螃蟹只好和其他的螃蟹一起待在笼子里。人们在码头吃晚餐的时候，笼子被拉了上来，这些螃蟹就成了餐桌上的美餐。

人类和这种螃蟹最大的区别在于螃蟹生活在水里，而人类生活在岸上。如果你是个有着独立思想，与众不同的人，那么，就放手做自己想做的事吧！不要被别人的怀疑、嘲笑、讽刺或者羞辱，逼退你的理想和抱负。不要让这些人阻碍你追求目标的道路。

成功就是按照自己的目标，认真的生活、学习，始终沿着自己选择的道路，做一个快乐、永远尊重自己内心的人！

做该做的事

有什么样的选择就会有什么样的结果。今天的生活源于我们昨天的选择，明天的辉煌与否取决于我们今天的选择。人生总是处在选择的关口，不一样的选择，会产生不一样的结果。

人的一生永远处于选择之中。人的每一次选择，既反映了追求的目标，又影响着人生的走向，决定着未来。人生有时候就是那么关键的几次选择，人假如一次选择做错，就有可能步步皆错，影响事业的成功和生活的美满。

一个人能否成功，不在于他选择的起点高低。一无所有之人，通过正确的选择，也可能有好的人生发展；而有些人虽然生于富贵之家，锦衣玉食，但如果只选择沉溺于安逸享乐，也可能最后会沦为一无所有。

选择在事业中也很重要。正确的选择有时比努力做事还要重要。人们在做选择时并不难，难的是选择正确，因为一旦选择有误，人再努力也会变成是在做“无用功”，结果更会是南辕北辙，“费力不讨好”。

有人为了幸福，拼命绞尽脑汁去追求，反而什么也得不到，自己还累得半死。努力让自己活得轻松些，自在些，自然地认真做事，本身就是一种幸福，不要到处去找幸福。“无心插柳柳成荫”，幸福是不需刻意去追逐的，当你做着自己该做的事情时，幸福已经悄悄跟随着你了。

诚然，成功者个个都很努力，但努力者不一定个个都能成功。其中的原因在很大程度上在于选择是否正确。正确的选择会决定未来的成功；而错误的选择从一开始就注定了最终的失败。

不同的人生选择，把人们引向不同的人生方向，因此，人一定要慎重对待选择！

第十七章

行得稳，懂得容忍，能屈能伸

给予是最深沉的智慧

“世界上最宽阔的是海洋，比海洋更宽阔的是天空，比天空更宽阔的是人的胸怀。”在我们的生活中没有完美无缺的人，我们只有学会宽容别人，自己的胸怀才会像大海一样宽广，这也是一个人获得内心安稳的良方。一个幸福的人生其实也很简单，就是不要拿别人的错误惩罚自己。

纵阅历史，不能宽容他人而断送自己前程，甚至性命的负面典故不胜枚举。断送掉自己前程，甚至性命的，往往是心中难容下他人，喜欢斤斤计较之人，可见，宽容并不代表懦弱，而是在宽容别人的同时，迈过自己心中那片杂草丛的危险门槛。

宽容别人、成就自己的正面典故，同样数不胜数。蔺相如因宽容不与廉颇发生冲突，总是退让，终使“负荆请罪”的故事代代相传。宽容就在自己的一念之间，化干戈为玉帛的妙意，也潜藏在宽容那一瞬间。

在现实生活中，每个人都难免会犯一些或这样或那样的错误，并且总是在失误之中，渴望他人的包容，而在许多时候，我们却不肯宽容他人对自己造成的伤害。其实，换一个角度，站在他人的立场分析问题，在宽容他人的同时，我们自己心里就会释然许多，平静许多，快乐许多。

宽容别人就意味着尊重他人、体谅他人，给自己的心留有余地；意味着用理解化解彼此的隔阂，让信任失而复得。宽容别人，就是化消极的猜疑为积极的沟通桥梁，在宽容别人的大度之中，收获豁达。在宽容他人的心境之中，收获稳固的友谊；在宽容他人的过失之中，相互之间赢得长久的合作。宽容，是一种巨大的人格力量，如同一股麻绳，有着强大的凝聚力、向心力和感染力，能使他人团结于自己的周围。宽容更是一种豁达，如同春风，可浇灭怨艾嫉妒和焦虑之火，可化冲突为祥和。宽容更是一种深厚的涵养，是一种善待生活，善待他人的境界，能陶冶人的情操，带给人心理的宁静和恬淡、慰藉和升华自己的心灵世界。

在生活中，不论我们受到了何种不公正的待遇或自己身边的人做错了什么，千万不要生气、愤怒，而应学会宽容，心无芥蒂，对人不苛求，才能留住人才、留住人心，共同创业，共同获得发展。

宽容他人，学会将一味地抱怨和指责，在千百次的忍耐中提升自己的人格魅力；在接纳他人不完美的同时学会欣赏；将事事逞强，处处患得患失的忧心与失望，扭转为惬意与美好；将过去的恩恩怨怨，是是非非化解为冰释前嫌，化险为夷，让我们的生活多一分空间，多一分爱；面对朋友的误解、伤害和不友好，化解为一束阳光，一分温暖；将人际关系的隔膜、冷淡，大度地予以宽解和接纳，尽可能用微笑的、通情达理的目光去打量周围的人和事，在豁达的胸襟之中成就自己的幸福。

宽容是人际交往中的润滑剂，能减轻相互交往中的摩擦，将紧张的关系能缓和为甜美的醇酒，让自己回味无穷；它温馨的关爱，能融化心中的仇恨，令自己感慨不已；它如同晨星般的明亮，让他人在迷途知返的同时，自己也会倍感欣慰。宽容还是一种仁爱的光芒，使自己在释怀之中感觉到轻松，也是对自己的宽待。当自己宽容了曾经敌对自己的人，握手言和，互谅互让，让人与人之间交往的甜润像春雨，冲刷积淀于彼此心中的轨迹，多一份善意，使自己呈现出非凡的气度和胸襟、坚强和力量，从而使自己的人生也就会变得更加精彩。

宽容的心怀，能陶冶一个人的情操，带给人心理的宁静和恬淡、慰藉和升华自己的心灵世界。不计较他人过失，不报复他人打击，在与人为善的境界中，豁达大度；在恬静、超脱的境界中，不浪费时间和精力去挖空心思对付别人，可以专心致志于自己的事业，在平凡岗位上干出一番辉煌业绩。宽容他人，塑造自己的风度和雅量，使自己犹如水晶般剔透，美玉般明澈；把宽容插在心中，它便绽出新绿，盛开出春花。

宽容他人，是一座让我们远离痛苦、绝望、孤独、忧伤、愤怒和侮辱的栈桥，能使我们用平静、喜悦、祥和的内心，去营造生命中的美丽。

量小非君子，无“度”不丈夫

人最宝贵的是拥有可贵的美德和高尚的情操。可贵美德和高尚情操往往蕴含在一个人开阔的胸怀、远大的志向和美好的情怀之中，而宽容大度的涵养正是一个人可贵美德和高尚情操的外在体现。宽容大度的人，会以宽容的目光欣赏生活，体谅他人，善待自己；宽容大度的人，身边不会缺少朋友；宽容大度的人，会生活得气定神闲，从容不迫。

宽度大度是一种人生智慧，是一种以“度己”之心“度人”的理解和体谅，是一种爱心的付出。

中华民族向来崇尚以德容人、容己、容天下、容万事。但做到“容”是极为不容易的，包容之中，无形中显示着一股深邃；深邃之中，隐隐透露着一派大气；大气之中，又彰显着无尽的力量。

在中国历史上，有气度、有涵养的名人良将就有许多。三国时期的蜀将蒋琬是一位度量很大的朝廷重臣。蒋琬的部下杨戏是一个性格孤僻，讷于言语，蒋琬与他商量事情，他常不应不理。有人看不过去，就对蒋琬说：“杨戏真是太不尊敬您了。”蒋琬坦然一笑，说：“人心的不同，正如人的面孔各异一样。表面上服从别人，背后又说反对的话，这是古人引以为戒的啊！要让杨戏赞同我，这违反了他的本性；要让杨戏说反对我的话，又凸显了我的错误，会让我下不来台，因此，他只好沉默，这正是杨戏耿直的地方啊！”位高权重的蒋琬竟能如此处事待人，足见其度量之大。

度量依于德行，一个德行很高的人，其度量必大。度量大也是一种处世智慧，因为度量大的人能很好地化解矛盾，消除争端，促进人与人之间的交往。人非圣贤，何况，就算是圣贤也会有一失之时，那么，我们为何不能宽容别人的无礼或过失呢？

与人交往，最重要的是学会以“度己”之心“度人”，不管是与陌生人还是与熟人相处，都要体谅对方的难处。就算别人冒犯了你，既然事情已经发生，就要宽容别人的过失，多想想别人的好，千万不可劈头盖脸地指责对方，这样只能引起对方的反感，甚至引发争吵，并不能真正解决问题。一个包容的人，一定会让他人从心底肃然起敬，无形中让自己的形象高大起来。对方也会因他的过失发自真心地向自己表示真诚的歉意。这样大家不伤和气，岂不很好？

大度不是天生的，它关乎人的德行，也关乎人的见识，有德识者方能有大度量。而德行需要靠人不断地学习、提升自己的修养才能慢慢养成。

时代在发展，社会在进步。时代越发展，形形色色的带有强烈个性的事物就越多；社会越进步，每个人的个人色彩就越浓。所以，要维护大局的平衡，维护社会的和谐，就需要我们每个人提高修养，养成高尚的品德，具备大度的气量。我们可以不同意别人的观点，但要学会尊重别人、理解别人、体谅别人。

社会由人组成，人作为社会的主体，推动社会进步是其责无旁贷的责任。如果大度容人只是少数人的一种行为选择，那么整个社会的宽容就是没有基础的。没有基础的东西，风一吹就散了，所以，宽容大度的涵养是我们每个人都有责任、有义务去培养和具备的品质。

千里之行，始于足下。为了培养宽容大度的品性，我们应该从身边的小事一点一滴地做起，日积月累，这样我们就会慢慢养成宽容的品性，形成心平气和的个性，拥有更轻松愉快的人际交往氛围，从而在人生的道路上越走越顺利。

大度的胸怀，微笑着原谅

人这辈子，总会遇到一些给自己带来刻骨伤痛的人，但无论对方是无心伤害，还是有意为之，都不要背负着仇恨生活。在仇恨的岁月里，无时无刻不被怒火灼伤的，其实是你自己的心。

不肯放下心中的仇恨，是对自己的不负责任，这份恨意会让你的生活陷入黑暗，会让你的心灵陷入迷途。宽容大度是一种美德，更是拯救世人、改变世界的一种神奇力量。

不懂宽恕的人，永远都在画地为牢。要排除怨恨的情绪，就得学会慢慢地接受现实，从心底原谅他人。如此，怨恨才会随着时间的推移逐渐淡去。当放下怨恨，你就不会再受负面情绪的困扰；放下了怨恨，你就能变得平和、安详；放下了怨恨，你就能积极向上、充满阳光地对待生活；放下了怨恨，你就能从内心深处散发出一种恬淡和优雅的姿态。

武力征服的只是人的躯体，只有靠宽容大度才能征服人的心灵。微笑着原谅，也是善待自己的良方。

在日常生活中，如果亲密无间的朋友，无意或有意做了伤害你的事，你是宽容他，还是从此分手，或伺机报复？如果报复，怨会越结越深，仇会越积越多，真是冤冤相报何时了。

我们每个人都有弱点与缺陷，都可能犯下这样那样的错误。我们既要竭力避免伤害他人，又要能博大胸怀宽容对方，避免怨恨等消极情绪的产生，这样才能愈合身心的创伤。

美国第三任总统杰斐逊在就任前夕，到白宫想去告诉亚当斯，他希望针锋相对的竞选活动并没有破坏他们之间的友谊。但据说杰斐逊还来不及开口，亚当斯便咆哮起来："是你把我赶走的！是你把我赶走的！"

从此，两人绝交达数年之久，直到后来杰斐逊的几个朋友去探访亚当斯，这位老人仍在诉说那件落选的事，但接着脱口说出："我一直都喜欢杰斐逊，现在仍然喜欢他。"朋友把这话传给了杰斐逊，杰斐逊便请了一个彼此都熟悉的朋友传话，让亚当斯也知道他对亚当斯的深重友情。

后来，亚当斯回了一封信给他，两人从此开始了美国历史上最伟大的书信往来。

宽容是一种多么可贵的精神。宽容意味理解和通融，是融合人际关系的催化剂，是友谊之桥的紧固剂。宽容还能将敌意化解为友谊。

让我们宽容些吧，冤家宜解不宜结。只有宽容和豁达的人，才能享受人生的最高境界。

宽容是一种高尚的品质，也是我们一生成长过程中必须经受的心理历练。它可以让你抛开人世的怨恨，摆脱无法绝望，使心灵安静下来，在静如止水中感受到什么是真正的超然脱俗。

宽容的人不仅能让自己摆脱仇恨和烦恼的侵蚀，而且也能给别人一个新生的机会，走出自责与愧疚的阴影。

有容乃大

在我们的生活中没有完美无缺的人，我们只有学会宽容别人，自己的胸怀才会像大海一样宽广，这也是一个人获得内心安稳的良方。一个幸福的人生其实也很简单，就是不要拿别人的错误惩罚自己。宽容之中深藏着一种充满爱的体谅，宽容别人成就自己一辈子的幸福。

在现实生活中，每个人都难免会犯一些或这样或那样的错误，并且总是在失误之中，渴望他人的包容，而在许多时候，我们却不肯宽容他人对自己造成的伤害。其实，换一个角度，站在他人的立场分析问题，在宽容他人的同时，我们自己心里就会释然许多，平静许多，快乐许多。

宽容别人就意味着尊重他人、体谅他人，给自己的心留有余地；意味着用理解化解彼此的隔阂，让信任失而复得。宽容别人，就是化消极的猜疑为积极的沟通桥梁，在宽容别人的大度之中，收获豁达。

人应该学会宽容。多一些宽容就少一些心灵的隔膜；多一分宽容，就多一分理解，多一分信任，多一分友爱。

宽容是一种非凡的气度、宽广的胸怀，是对人对事的包容和接纳。宽容是一种高贵的品质、崇高的境界，是精神的成熟、心灵的丰盈。宽容是一种仁爱的光芒、无上的福分，是对别人的释怀，也是对自己的善待。宽容是一种生存的智慧、生活的艺术，是看透了社会人生以后所获得的那份从容、自信和超然。

宽容的可贵不只在于对同类的认同，更在于对异类的尊重。这也是大家风范的一个标志。

智者能容。越是睿智的人，越是胸怀宽广，大度能容。因为他明察世事、练达人情，看得深、想得开、放得下；处世让一步为高，退步即进步的根本；待人宽一分是福，利人是利己的根基。

仁者能容。富有仁爱精神的人，也必是宽容的人。“老吾老，以及人之老；幼吾幼，以及人之幼”，不苛求于己，也不苛求于人。所以，与刻薄多忌的人相比，宽容的人必多人缘、多快乐，自然也就多长寿了。

在宽容他人的心境之中，收获稳固的友谊；在宽容他人的过失之中，相互之间赢得长久的合作。宽容，是一种巨大的人格力量，如同一股麻绳，有着强大的凝聚力、向心力和感染力，能使他人团结于自己的周围。宽容更是一种豁达，如同春风，可浇灭怨艾嫉妒和焦虑之火，可化冲突为祥和。宽容更是一种深厚的涵养，是一种善待生活，善待他人的境界。

宽容他人，在接纳他人不完美的同时学会欣赏；将事事逞强，处处患得患失的忧心与失望，扭转为惬意与美好；将过去的恩恩怨怨，是是非非化解为冰释前嫌，化险为夷，让我们的生活多一分空间，多一分爱；面对朋友的误解、伤害和不友好，化解为一束阳光，一分温暖；将人际关系的隔膜、冷淡，大度地予以宽解和接纳，尽可能用微笑的、通情达理的目光去打量周围的人和事，在豁达的胸襟之中成就自己的幸福。

宽容是人际交往中的润滑剂，能减轻相互交往中的摩擦，将紧张的关系缓和为甜美的醇酒，让自己回味无穷；它温馨的关爱，能融化心中的仇恨，令自己感慨不已；它如同晨星般的明亮，让他人在迷途知返的同时，自己也会倍感欣慰；宽容还是一种仁爱的光芒，使自己在释怀之中感觉到轻松，也是对自己的宽待。当自己宽容了曾经敌对自己的人，握手言和，互谅互让，让人与人之间交往的甜润像春雨，冲刷积淀于彼此心中的轨迹，多一份善意，使自己呈现出非凡的气度和胸襟、坚强和力量，从而会使自己的人生也变得更加精彩。

宽容的心怀，能陶冶一个人的情操，带给人心理的宁静和恬淡、慰藉和升华自己的心灵世界。不计较他人过失，不打击报复他人，在与人为善的境界中，豁达大度；在恬静、超脱的境界中，不浪费时间和精力去挖空心思对付别人，可以专心致志于自己的事业，在平凡岗位上干出一番辉煌业绩。宽容他人，塑造自己的风度和雅量，使自己犹如水晶般剔透，美玉般明澈；把宽容插在心中，它便绽出新绿，盛开出春花。

宽容他人，是一座让我们远离痛苦、绝望、孤独、忧伤、愤怒和侮辱的栈桥，能使我们用平静、喜悦、祥和的内心，去营造生命中的美丽。

第十八章

行得稳，胸怀宽广，积极向上

人生不设限

人生在世，每个人都渴望成功，都希望过上更舒适、更富有的生活。我们身边常有许多人都做着一夜成名、一朝暴富的美梦。大多数人都会梦想着能改变自己不如意的现状，改变自己的命运。但现实生活中，大多数人终其一生，都没有找到自己所要追求的东西，都没能如愿。为什么都是头顶同样的蓝天、脚踏同样的大地，而有的人能成功，有的人却长久徘徊，停滞不前？成功的奥秘到底在哪里？能够实现愿望的成功之人，在工作中就一定会比平庸者付出更多的汗水吗？其智商一定高于没有成功的人吗？

其实不然，社会研究学家表明：人与人之间的智商并没有太大差别，让人与人之间的成就和生活质量，产生天壤之别的根本，在于思路的不同。

面对同一件事情，因为每个人的思路不同，看问题的角度不同，就会导致解决问题有着不同的方式方法，也就有截然不同的出路。这也就是人们常说的，有什么样的思路，就会有什么样的出路。只要我们在工作或生活中，善于将消极思维变成积极思维，并积极付诸行动，才会有宽阔的发展天地。

对绝大多数平凡人来说，思路决定自己一个人甚至一家人的出路；对决策高层来说，思路则决定一个组织、一个地方，乃至一个国家的出路。因此，我们要善于给自己制造想象的发展空间，更要抛却消极思想，拓宽思路，一旦我们认为自己可以做到，那么自己心底便会爆发出成千上万个自己能做成的声音，就会得到千万个人的支持。确立目标，迎接挑战，思路一变，带来了智慧、机会和效率，重获崭新的辽阔天地。

对个人，对一个家族产业而言，又何尝不是思路转变后，天地才宽？只要我们善于抛弃消极思维，使自己拥有成功的欲望，就会想方设法寻找到使自己成功的钥匙。而思路正是一切正确策略与方法的起源。

我们身边许多人之所以没能做得更好，关键的因素就是由于没有改变自己的思路，或者是懒于改变自己的思路，或者是根本就不想改变自己的思路，才会将自己局限于一片狭窄的天地自怨自艾。打破常规的陋习，敢于改变自己的思路，会带给一个人前所未有的智慧、机会和效率，使自己获得广泛的人脉、广泛的发展空间，让自己通往一条成功的康庄大道。

作为一个自立于社会的人，懂得不要把希望完全寄托在父母给自己铺路之上，也不要把希望完全寄托在子女身上。而要把希望寄托在你自己身上，寄托在现在，从现在开始，改变思路。靠自己有勇气抛弃消极，拓宽思路，勇于改变，走出一条属于自己的路，就会发觉前方的天地越来越宽广，越走越远！

路虽远，行则将至；事虽难，做则有成！只要我们想了就去做，只要我们根据既定目标，学会积极地调整、拓宽自己的思路，眼前的天地也会随之变得宽广，也就没有什么能阻拦我们迈进成功的大门。

找到自我，保持前行

奋斗是成功的前提，我们认准目标通向成功的唯一捷径——奋斗之路。站在起点，我们唯有奋斗，才能超越自我，才能改变我们的人生，改变我们的生活。大到国家的富强，小到个人的成功，无不需要建立在个人的奋斗之上。

没有人不渴望被成功的鲜花和掌声包围，没有人不渴望成功的五彩光环播洒在自己头上，没有人不渴望令万人羡慕的成功。然而，只是一味地空想，成功不会光临，唯有奋斗，才是成功的前提。

成功，既有世俗意义上的成功，如某个领域的成就，又有个人意义上的成功——超越自己。一个人若不为自己的理想而奋斗，其人生就是毫无意义的。我们为学术、为金钱、为生活、为爱、为一颗不甘的心等不一而足的目标实现，需要用自己的心血、智慧、身体力行去奋斗。所以，不管我们身处哪个行业，从事什么工作，只有坚持不懈地奋斗，才能活出自己的精彩、获得成功。无数成功者们，都在用自己的实际行动、努力奋斗，谱写着一个个感人至深的励志故事。可见，个人的奋斗对成功的实现、梦想的达成，起着决定性的作用。

牛顿、爱因斯坦在科研上取得了伟大的成功，但他们的成功并不是老天赋予的，而是他们将别人用来喝茶聊天的时间，用在科学方面的钻研；盖茨、乔布斯在商业方面取得了令人瞩目的成功，但他们的成功，也同样是依靠他们自身坚持不懈的奋斗得来的。

我们生活在当今各种事物都不断更新，什么事物也都在与时俱进的时代，我们只有保持那份奋斗精神，积极乐观地为成功奋斗，为未来奋斗，为梦想奋斗，这样我们的人生才不会白白流逝。唯有奋斗，方能成功——没有奋斗，就没有成功。

奋斗不仅可以改变个人人生境遇，还能够积极作用于公平正义的社会环境的创造。每个社会成员的奋斗和成功，对于营造更加公平的环境、优良的机制、可靠的社会保障都是大有裨益的，它们反过来又会促进个人取得更大的成功。

奋斗是实现个人梦想的最可靠途径。天道酬勤，没有人能随随便便成功，唯有在奋斗中屡败屡战，摔倒了爬起来再战的人，成功终究会在终点迎接自己。我们只有抱着这种信念，为心目中的目标，积极行动起来，努力拼搏奋斗，方能超越平凡，迎接卓越。

再长的路，也能一步步走完

任何成功都不是一蹴而就的。人无论做什么事，都要脚踏实地，一步一个脚印，既不能无的放矢，也不能为图快莽撞行事，当然更不能过于纠结小利，斤斤计较，患得患失，否则便会欲速则不达，事倍功半。

古往今来，功成名就者，有少年英雄，也有大器晚成者。这些人在成功路上都不是急功近利者，而是脚踏实地、坚定不移地朝着自己的目标前进的人，他们在遇到困难时，也是矢志不移，不放弃，努力解决问题的人。

一个人若不能脚踏实地、始终不渝地去努力，永远不会有成功的机会。所以，人如果朝三暮四、见异思迁，或一受到挫折就改变志向，终将一事无成。

很多人幻想甘甜的果实，却不愿付出艰苦的劳动；很多人盼望生命的辉煌，却不想经受磨难。然而，只有付出才会有收获，所以，人为了有所成就，一定要安下浮躁的心，踏踏实实地去努力，敢于忍受寂寞、孤独，相信坚持才能胜利，世上没有“无用功”，不要轻言放弃。

山海关城楼上有块牌匾，上书“天下第一关”五个雄浑大字，这五个字很有来历。

据说，在明宪宗成化八年，镇守山海关的兵部主事奉命邀请名手为山海关东门城楼题匾，书写“天下第一关”五个大字。应邀的名手很多，但写出来的字都跟巍然屹立的雄关不相称，很多匾挂在那三丈多高的城楼上，不是显得纤弱、轻浮，就是笔锋呆板或繁赘。

这时，有人建议兵部主事请本地两榜进士、大书法家萧显写匾。兵部主事一时再无他人好求，只得带着厚礼去托萧显写匾。

萧显却提出条件说：“什么时候写好，什么时候送过去，千万不要催促。”兵部主事答应了这个条件，心想，反正五个字不多，一天写一个字，五天也就足够了。不料，20天过去了，一个字也没送来。兵部主事就派人打探动静。被派去的衙役回报说，萧先生还未动笔，每天都坐在书房里欣赏历代书法大家的真迹墨宝，背诵“飞流直下三千尺，疑是银河落九天”，还有“来如雷霆收震怒，罢如江海凝青光”等诗句，仍然没有动笔的意思。

一个月后，兵部主事心里着急，就亲自去探听消息。萧显的仆人说，“先生近来弃文习武了，每天在后院练功。”兵部主事赶到后院一看：果然看到萧显正侧着身子，拿根扁担，一头冲地比画，不像使枪，又不像弄棍。兵部主事一看，气坏了，便差人把萧显抓了起来，他正想用刑，京里来人传话说，上边限他三日之内把匾写好，否则就问他的罪。兵部主事对萧显不住地请求。

萧显叹了一口气说：“蒂不落，瓜也难熟啊！我这么多天其实是在为写字做准备啊。”他让人用砖垒起一个垫台，把一丈八尺长的木匾靠在墙上；要求全衙的人一齐动手磨墨；又叫人将他特制的加上长柄的大笔拿来。然后，他在匾前来回踱步，时而双眉紧皱，时而轻松地朝匾上打量。像这样徘徊了很久，蓦地把决心下定，探笔墨缸，饱蘸浓汁，疾步来到匾前，一侧身，把胳膊伸直，就像前些日子背扁担练功那样，长笔杆贴在背上，屏气凝神地背笔写起来。直到他落笔、提笔、运笔、按笔依次做完，才说：“献丑了！”

兵部主事再看萧显大汗淋漓地站到一旁，“天下第一关”五个大字早已落在匾上。此五个大字雄浑壮观，笔道似连又不连，粗细恰到好处，挂到城楼，气势磅礴。兵部主事终于明白前些日子萧显吟咏练武等不是为了消遣，原来奥妙是为了写此五个字而练的“功”。

欲速则不达，功到自然成，很多事情是急不得的。人只有平日积蓄力量，才能厚积薄发，才能有所成就，这是亘古不变的真理。所以，让我们多从练习做起，不断提高自己的水平，全面提升自己的素质，这样才能为以后的发展铺垫好基础。

积极行动会有超乎预期的惊喜

天上不会掉馅饼，所有成功都是用行动换来的！通向成功的路有许多，但是不行动，所等来的只能是碌碌无为的悔恨。

成功只光顾愿意为成功而打拼的人。成功始于心动，成于行动。成功的前提是我们自己得要有强烈的成功愿望。如果我们自身不愿成功，那是任谁也不能帮助我们的。伴随我们成功愿望的，是要有坚定的行动，而这必然源于我们自己深刻的认识和觉悟。

没有谁不羡慕站在领奖台上冠军的夺目光彩，没有谁不渴望拥有财富。然而，不是谁都能获得那样的成功。纵观他们的成功，并不是他们比我们多了三头六臂，而是他们能坚持做到别人不能够做到的！

兔子与乌龟比赛跑，本是没有任何悬念的：快步如飞的兔子必胜！

然而，结果是谁也没有料到的，兔子因为在美梦中没有行动，让成功与自己失之交臂，反而是乌龟虽然行动缓慢，但它毫不气馁，一步一步总在行动，坚持到最后，却出乎意料地成了赢家。可见，成功的确是谁也无法帮助自己的，就犹如吃饭、喝水、行路一样，必须始于自愿自觉。无志之人固然可笑，但有志而不践行之人，在空想中白白耗掉自己的聪明才智，更令人惋惜。

不可否认，成功首先源于内心强大的动力，但若是没有坚持不懈的行动，一切就只能是一种美好的愿望，是一种毫无价值的幻想，是一种渺如尘埃的打算。而目标能否实现、能否成功，在于一个人有没有像乌龟一样坚定不移的行动力，这是其中最关键的因素。因为行动就像食物和水一样滋润着我们的心，引导着我们走向成功。只有我们敢于为成功行动，才有获得成功的希望。

关于成功，谁都可以拥有无数美妙的设想，但最终抵达成功顶峰的，却是那些更善于行动的人。再宏大、再美妙的理想，一旦缺乏行动，就无异于痴人说梦。工作中有了很好的想法，有了很好的见解，只有付诸实施才有可能实现。如果没有实际行动，生活里只会唱高调，一切就都等于零，一切都将无从谈起。只有目标而没有行动，这种想法和创意，即使绝妙无比，也只不过是虚幻一场的白日做梦，一切美好愿景只是空中楼阁而已！

工作中，即使看似很小的事情，如果不去行动，小事依然会浅搁。而成功，更需要我们去为之拼搏。因为每个成功者的桂冠，都是在充满坎坷的路上，一路披荆斩棘、用汗水换来的。如果见到困难就转身，见到风险躲着走，见到矛盾绕着走，行动就成了一句空话。只有坚持不懈，坚定地面对挫折设法去补救、去行动，我们才能走出迷茫的沙漠，永不言败，更不轻言放弃。

千里之行，始于足下。一切成功，都是以行动为根基，一层一层的积累，才能铸就成功。所以许多人说，理想是天空中翱翔的雄鹰，行动则是雄鹰的翅膀；理想是空中飞舞的风筝，而行动则是放飞风筝的绳索；行动是希望的沃土，养育成功之花，多付出努力的行动，心中渴望成功的理想，才会释放最热烈的光芒。

行动是土，积土成山；行动是水，积水成渊。行动是取得成功的关键，行动是战胜怯懦的勇气，行动是胜利的宣言，是延伸前进的航线。对每个人来说，成功的路有千万条，但如果不行动，就没有一条路可通向成功。

有志之人懂得，一旦认准目标，就立即行动，繁荣富强的光辉，已洒在我们每个人开始行动的路上。

不断提升自身技能，不断超越自己

在社会激烈的竞争中，只有不断提高个人技能，才能在事业上有更大的发展。

时代在发展，人们对自身的要求愈来愈完美，他们不断进取，不断超越自我。

成功的动力源于拥有一个值得努力的目标和抛开自我，放眼寻求生命的真谛。胸怀大志的人所显露的一个显著特征就是他们勇于超越自我，全力以赴圆自己心中的梦。

成功不是扬扬得意地炫耀自己所取得的成就，也不是为一点小小的成绩而自满。如果你有一双强有力的手，不仅带动你自己，而且也能帮助那些寻找目标、坚持不懈的人，你才能算是获得了更大的成功。

追求超越自我的人，每一分每一秒都活得很踏实，他们尽其所能享受、关怀、做事并付出。除了工作和赚钱以外，他们的人生还有其他意义。若非如此，即使身居高位，生活富裕，你也可能仍感到空虚。

要享受成功，必须先明白自己工作的目的，辛勤工作，夜以继日，更要有一个切实的目标。财富以外，更重要的是幸福。

人生战场上真正的赢家，大多目标远大、目标明确，他们追寻生命的真谛和超越自我。他们能够把生活的各个层面融合为一体。为了享受生活的乐趣，他们不仅剖析自我，而且爱从大处着眼，展望生命的全貌。

不论是今人或古人，都对我们今日的生活有莫大的贡献，因此我们必须竭尽所能，以求回报。我们必须要超越自我，全力以赴，为更加美好的生活而努力，以求突破现状，开创新局面。

在现实社会中，很多事物等着我们去挑战，贫困、疾病、危机、缺乏爱意等各种社会现象令人不寒而栗，拥有梦想才能拯救自己。

太现实的人往往会失去梦想。善于梦想的人，无论怎样贫苦、怎样不幸，他总有自信，甚至自负。他藐视命运，相信较好的日子终会到来。一个人的梦想的实现，往往可以感应起一串新的梦想的努力。